U0186710

基于地域性的城市文化建筑
再生与重构

鲁文婷　裴　昊◎著

吉林出版集团股份有限公司
全国百佳图书出版单位

图书在版编目（CIP）数据

　　基于地域性的城市文化建筑再生与重构 / 鲁文婷，
裴昊著 . -- 长春 : 吉林出版集团股份有限公司 , 2023.6
　　ISBN 978-7-5731-3924-5

　　Ⅰ . ①基… Ⅱ . ①鲁… ②裴… Ⅲ . ①城市文化 - 应
用 - 建筑设计 - 研究 Ⅳ . ① TU2

　　中国国家版本馆 CIP 数据核字（2023）第 126813 号

基于地域性的城市文化建筑再生与重构
JIYU DIYUXING DE CHENGSHI WENHUA JIANZHU ZAISHENG YU CHONGGOU

著　　者	鲁文婷　裴　昊
责任编辑	关锡汉
封面设计	李　伟
开　　本	710mm×1000mm　　　1/16
字　　数	251 千
印　　张	14
版　　次	2024年1月第1版
印　　次	2024年1月第1次印刷
印　　刷	天津和萱印刷有限公司

出　　版	吉林出版集团股份有限公司
发　　行	吉林出版集团股份有限公司
地　　址	吉林省长春市福祉大路 5788 号
邮　　编	130000
电　　话	0431-81629968
邮　　箱	11915286@qq.com
书　　号	ISBN 978-7-5731-3924-5
定　　价	90.00 元

作者简介

鲁文婷，中国共产党党员，硕士研究生，毕业于西南林业大学设计艺术学专业，现任烟台南山学院艺术与设计学院环境设计系教师。主要从事环境设计与理论方向的研究，主讲《室内3DMAX》《装饰材料与工艺》《室内模型》《居住空间设计》等课程。至今发表论文10余篇，其中SCI论文1篇，CPCI论文1篇；作品曾发表于CSSCI来源期刊。授权国家发明专利1项，参与编写教材《环境艺术效果图表现技法》。主持山东省文化和旅游厅项目1项，烟台市社会科学规划课题3项，"传统文化与经济社会发展"专项课题1项，山东省艺术重点课题2项，山东省艺术专项教育课题1项；参与山东省人文社会科学课题1项，山东省教育科学"十三五"规划2020年度课题1项等。先后指导学生在国家级、省级专业竞技比赛中获奖，并获国家级、省级优秀教师指导奖。

裴昊，毕业于郑州轻工业学院环境艺术设计专业，现任南山职业技术学校教师，主要从事建筑环境设计与理论研究。曾在市级教学大比武活动中获三等奖，多次获校级优秀班主任称号，发表学术论文10余篇；授权国家发明专利1项。

前　言

　　进入 21 世纪，随着我国文化产业的发展，与各国和区域之间的文化交流日益增多，并且对各国的经济发展产生了很大的影响。由于文化交流的需要，国内各个省、市、区都在建造各种文化类型的建筑物，通过建造城市文化建筑物来展示城市文化，彰显地方特色和风土人情，来带动城市乃至整个地区的发展。人们对文化建筑的物质、精神、情感的要求日益提高，社会处于不断加速发展的时期，对于城市文化建筑的建设，城市社会和公众的生活也对此提出了新的要求，这使得文化建筑的设计面临着更高的挑战。

　　在当前的建筑领域中，在全球化的浪潮下，建筑的地域性表达成为建筑表现之一，成为面对全球文化趋同的对抗手段。在城市文化建筑中体现一定的地域文化特色，能够使人们在现代化城市中感受到地域文化的气息，提高城市居民文化品位，引起人们对传统文化的重视，更好地把优秀的传统精神文化和物质文化传承下去。然而，在当今全球化和国际主义设计思潮的影响下，使得地域特色逐渐丧失，这是极其悲哀的。当前城市和居民迫切需要地域鲜明的、为人民提供服务的、体现时代感和潮流的建筑。本书正是基于这样的研究背景，通过分析研究各种影响因素，最终得出城市文化建筑的地域文化设计的策略，希望可以对之后的地域性的文化建筑设计工作具有启发作用。

　　在国内，城市文化建筑已经初步建立起了模式，但其在设计手法、设计理念等方面还存在着一些不完善的地方。尤其是在城市文化性建筑设计中表达地域特色方面，存在理论性和科学性的不足。而造成这种情况的最大的原因，就是在设计城市文化建筑的时候，人们忽略了它是一种展现地域特征的文化类建筑，它本身就具有地域倾向性，它还具备了地域性建筑的独一性、可识别性、不可替代性。对于城市文化建筑所在地区的差异性，比如自然差异、民族差异缺乏理性的探究，对于其背后所蕴含的深层次结构并没有深入挖掘。对于建筑来说，地域既是一种限定，同时也是一种新的创造性思维的起点。以地域特征为基础，进行城市文化建筑的创新，应该对区域的自然环境和社会环境进行充分的尊重，根本目的应该是满足人们生活的舒适，利用合适的材料和技术，创造出一种全新的地域主义建筑。

本书从明确地域文化和城市文化建筑两个概念入手，对如何在城市文化建筑及室内空间设计中融入地域特色做了深刻的探讨。本书第 1 章为绪论，分别论述了研究的背景、意义和目的，国内外研究现状，研究的发展趋势。第 2 章为地域文化的概述，分别介绍了地域文化的内涵、影响建筑地域文化形成的因素、设计中的地域性特征体现三个方面的内容。第 3 章为城市文化建筑的概述，主要介绍了五个方面的内容，依次是城市文化建筑的内涵、文化建筑设计的基本特征、城市文化建筑的发展变化、城市文化建筑现状及存在问题分析、当代城市文化建筑表达的影响因素。第 4 章为典型城市文化建筑基本设计要求，分别介绍了四个方面的内容，依次是图书馆、博物馆、美术馆、文化艺术中心。第 5 章为地域文化与城市文化建筑的关系，依次介绍了地域文化在城市文化建筑中的地位与作用、地域文化在城市文化建筑中的设计定位两个方面的内容。第 6 章为地域性文化建筑的特性，分别介绍了时代性、表现性、思潮性三个方面内容。本书第 7 章为地域性城市文化建筑造型表达的策略，主要介绍了三个方面的内容，分别是准确认识地域性文化建筑的表征、理性制定建筑设计原则、逻辑转化地域文化元素。第 8 章为地域性文化建筑的创作方法，依次介绍了地域文化元素的转化，地域性城市文化的建筑造型的创作表现，典型实例分析：国内外城市文化建筑设计中的地域性表现三个方面内容。第 9 章为地域文化在城市文化建筑室内空间的表达方式，分别介绍了四个方面的内容，依次是空间形态的地域性表现、色彩的地域性表现、材质的地域性表现、家具与陈设的地域性表现。第 10 章为地域文化在文化建筑内部空间设计中的原则与方法，依次介绍了地域文化在文化建筑内部空间设计中的基本原则、地域文化在文化建筑内部空间设计中的基本方法，典型实例分析：

国内外地域文化在文化建筑内部空间设计中的诠释。

通过研究分析，对基于地域文化的图书馆室内设计研究做出归纳总结，主要结论如下：在进行地域文化建筑造型设计时，应具备时代性、表现性、思潮性、不可推广性、综合性及探索性的特性；地域性城市文化建筑造型应以功能为基础、以形态为表现、以技术为依托；应从宏观定向、微观深入、协调整合的角度理性制定建筑设计原则；还应将逻辑转化为地域文化元素。

地域性文化建筑造型设计可通过象征、变异、保留、修补、粘贴等地域文化元素创作手法，分别从传统建筑、民俗文化、当地文化因素中提取创作元素，将文化建筑融入自然环境，追求材料技术的地域性表达，并注重建筑的视觉表现及建筑和环境细部的地域性表现，以此来设计具有地域文化特色的城市文化建筑。

鲁文婷　裴昊

2022 年 12 月

目　录

1 绪 论

1.1 研究的背景、意义和目的

1.1.1 研究背景

我国城市建设发展的速度非常快，随着不断增强的城市经济实力，在当前的城市建设模式中，各级政府已经认识到以公共文化建筑及其产业建设来带动城市未来发展已成为一个城市更新规划的主流。英国的伯明翰、德国的柏林、荷兰的阿姆斯特丹等城市都是通过文化引导的模式，对城市发展进行重新定位的，其成功的经验告知我们，在国际市场的大背景下，在文化交流不断增加的情况下，特色的城市文化、健全的文化建设、开放的文化环境，这些都标志着一个城市的现代化发展，能促进城市居民整体素质的提高。在城市生活中，文化建筑，尤其是在地区中具有标志性的文化建筑起着非常重要的作用，是一个城市现代文明的象征和标志。

我国的城市文化建筑建设，从最开始盲目地跟风建设，到当前的进行合理的规划建设；从以往的侧重于形式，到当前的重视城市生活。就文化建筑设计的发展来说是一个逐渐成熟和逐渐理性的趋势。但是，这也带来了一些新的问题，例如，随着世界建筑越来越趋向于同质化，建筑的区域文化在经济全球化的背景下逐渐消失；我们的文化建筑与室内空间怎样才能更好地表现出地方特色的设计特点；当设计师的设计作品越来越多地显示出他们的"姿态"时，他们的建筑怎样才能与其所处的城市环境相适应、相契合等问题。然而，在"高大上"的建筑型式下，这些尚未解决的问题，逐渐被人们所忽视，而城市文化建筑也逐渐变成了某些设计师与城市政策制定者炫耀自己的资本与手段。在设计过程中，人们更多地注重了西方现代主义的潮流趋势，更加注重视觉效果，而忽视了深刻理解城市建筑与城市环境、城市文化的内在关系，从而导致了文化建筑越来越多地变成了一种符号化的象形表达，而忽略了建筑所在地域不同的自然条件、历史文化背景、本土材料等，造成人们缺乏认同感和归属感。安藤忠雄曾经说："在建筑师肩负的众多责任中，最重要的便是展示文化，最大的责任是传承文化，要让大家都知道，每个国家拥有与众不同的文化。"建筑师最大的责任应该是传承文化，一方面，现代城市文化建筑应满足城市居民的文化生活需要；另一方面，现代城市文化建筑还应该积极参与到城市文化中，对城市环境进行重构，从设计、规划、施工、使用的全过程中，积极寻求与本土文化相融合的点，从而更好地将城市文化的形象和影响表现出来，让城市文化真正具有地方性特色，并由此获得人们的认同。

城市间文化的差异性在于地域性，不同地域自然条件的不同，生活方式的不同，形成当地特有的地域文化特征。地域文化是文化重要的组成部分之一，代表着不同的国家、不同的地域、不同民族的文化传统和社会形态。在设计中挖掘地域文化的深层内涵，吸收地域文化中的精髓，赋予文化建筑文化内涵，使建筑更具生命力，不再是物质的钢筋混凝土构筑物，让我们的地域文化成为城市公共建筑的灵魂，符合文化多样性的需求。

当前，在城市文化建设中，我们已经取得了一定的成功，有了一定的经验，但是如何在城市文化中融入地域特色，是一个亟待解决的问题。在建筑设计中，系统地论述建筑设计的理论研究相对较少。尽管有一些文化建筑非常注重对地域文化特色进行表现，在这些文化建筑中有一部分还只是对传统的样式进行简单的模仿和套用，没有实现地域环境与文化建筑功能的有机结合。这样的文化建筑非但没有起到相应的带动地区文化发展的作用，反而会对城市的形象和发展产生一定的影响。

在城市文化建筑设计中，应积极探索和研究地域特色表达，这是因为：一是可以提高文化建筑的功能，展现文化建筑的价值，促进可持续发展型建筑的建设；二是有利于传承和发展地域文化，展现城市风貌；三是可以对城市地方经济起到促进作用。我们由此可知，在城市文化建筑设计中，地域特色的表达成为重要的方面，对于如何将文化中心放置在其所处的区域环境中；如何从经济技术、社会文化、自然环境等方面对其进行分析和研究；如何在城市文化建筑的创作中适当和科学地表达地方特色和文化，是当前我们需要进行探索的问题。为了应对以上的问题，本书将国内外关于城市文化建筑的设计理论和建筑实践相结合，从怎样表现地方特点出发，对城市文化建筑的设计理论进行了分析和归纳，并探索出具有自己地方特色的设计方法，也就是从多学科的理论角度进行全面的、综合的研究，希望能够改变目前在城市文化建筑设计中缺少地方特点的状况。同时，作者也期望通过城市文化建筑这一载体，把基于地域特色的设计手法和设计理念融入城市中，融入对城市具有广泛影响力的建筑中去。

1.1.2 研究的预期目的

随着全球经济一体化的发展，中国建筑师面临着建筑地域性的消退问题，当前，人们越来越重视地域文化与环境的融合，建筑的地域性的表达成为抗衡全球化的浪潮。就当前的建筑而言，全球化的建筑表现之一就是建筑的地域性表达，这成为与全球文化趋同对抗的手段，因此，研究地域性表达有着非常重要的意义。

其一：对地域文化进行深入研究，为继承和发扬本民族优秀的传统文化提供坚实的理论依据。

其二：对城市文化建筑的发展脉络进行梳理，揭示城市文化建筑及室内空间设计变化过程；从设计的角度对我国各类型城市文化建筑及室内空间构成、色彩、照明等方面进行归纳总结，为创造地域风格的室内外环境打下基础。

其三：解析地域性在城市文化建筑中的特征，并总结出地域文化在现代城市文化建筑及室内空间领域中应用的基本原则与方法。

其四：以典型的案例为依据，分析地域文化在城市文化建筑及室内空间设计中的具体表现形式，更好地把握地域文化的艺术形态。

其五：通过分析总结的理论成果，以云南省图书馆室内空间设计为例，进行更科学、更合理的设计。

1.1.3 研究的意义

地域文化反映的是一定的地域范围内长期形成的历史遗存、文化形态、社会习俗、生产生活方式等。放眼全球城市，国内的深圳、上海、香港等城市以及国外的曼谷、芝加哥、纽约等城市，在城市的空间形态以及建筑形态上都是类似的。表面上看来，中国的建筑和创造理念正在逐步走向国际，但是却也因此缺少了建筑中的中国本土特征，造成了文化概念的丧失。梁思成是中国第一代建筑大师，他曾经说："一个东方老国的城市，在建筑上，如果完全失掉自己的艺术特性，在文化表现及观瞻方面都是大可痛心的。因这事实明显的代表着我们文化衰落，至于消减的现象。"

本书中主要的研究目的在于继承和发展传统文化，将中国的传统文化与国外的先进理念和技术进行融合。设计师在进行设计实践的时候，应该对地域文化特色进行弘扬和发展，只有这样才能实现人与自然的和谐发展，才能营造出一个积极和健康的生态文化环境和氛围。城市的文化建筑可以反映一个民族、一个国家或者一个地区的相关文化和历史，因此，需要对地域文化进行深入研究，将地域文化中的特点融入城市文化建筑设计以及室内空间设计中，让其发挥最大的价值为当代人服务，让人们可以得到物质和精神上的享受；不断提高内在的空间文化层次和品位；积极寻求合理的、能够真实地反映地方文化的思想和方式，这也是本书的研究意义和价值。

1.1.3.1 社会意义

对于人民群众来说，文娱活动已经成了生活中不可或缺的一部分。城市文化建筑对于人们来说，一方面是进行休闲、娱乐、集会和学习的场所；另一方面也是人们进行交流的场所，是人们加强地域认同感的场所。在此基础上，进行具有区域特征的城市文化建筑的设计，既能将城市的文化底蕴和精髓展现出来，又能提高城市的可辨识度，除此之外，还能在城市中形成一个非常具有活力和生命力的开放性空间，实现社会成员之间凝聚力的增强。鉴于此，城市文化建筑蕴含地域特色，一方面可以传承和发展城市文化，另一方面可以促进精神文明建设，具有重要的现实和社会意义。

1.1.3.2 经济意义

城市文化建筑作为城市的精神地标，是展示城市风貌的重要一环和窗口，可以产生非常强的公众凝聚力，城市文化建筑也成为全体市民以及游客的公共空间。由于城市文化中心有着自身的地域特征、自然特征以及传统文化，因此，成为展现地域特色的舞台，给城市带来了独一无二的魅力，可以促进整个城市旅游业的发展，促进周围产业的开发，鉴于此，城市文化中心为城市的发展带来了巨大的优势和经济潜力，成为城市经济发展的重要驱动力。

1.1.3.3 文化意义

作为文化交流的场所，城市文化建筑是一种特殊的文化载体。城市文化建筑应该创造出一种具有区域文化特征的环境，展现出当地的风土人情和地方特色，让城市文化建筑成为区域文化传承的中转站和新时代下地区文化的象征。它主要表现在：尊重城市的历史与文化，对于人们在不同的文化环境中的特定需求进行满足，深化人们对地域文化的认识和理解。将地域特色进行良好的表达可以实现对城市传统文化的传播，展示现代文化，并在某种意义上构成了一个城市特有的精神内涵。与此同时，借助一些文化的宣传和展示，通过社交聚会使人们的文化活动得到丰富，不断提高人们的思想境界，增强人们的文化自觉和文化意识。

1.2 国内外研究现状

1.2.1 国内的研究现状

1.2.1.1 国内研究理论

针对文化建筑理论的研究，我国的学者取得了很多优秀的成果。朱文一在1993年发表了《空间·符号·城市》，主要运用符号学的理论与方法在城市建设以及文化发展方面构建起城市空间的分析框架和体系，对城市空间的文化这个符号进行深入分析，力图从一个全新的视角来解读城市空间的文化意蕴。王承旭认为城市文化空间的基本要素有三个："人""活动""场所"，这三个基本要素反映了居民对空间、时间结构的意向，并且表明城市文化空间是一个"意向空间"，是一种人类对城市物质空间在时间维度和空间维度上的能动的反映[1]。黄鹤总结和归纳了在20世纪70年代后在西方城市文化政策影响和主导下的城市更新发展历程和发展模式，并且对效果问题和存在的问题进行论述[2]。王丽君针对欧洲城市复兴中，借助文化建筑来促进城市文化和城市经济发展以及提升城市形象的现象，研究面对这样的变革社会环境，文化建筑在其中所扮演的角色和作用[3]。程世丹将研究的重点放在文化建筑与城市空间结构的关联方面，重点探究了在城市公共空

① 王承旭. 城市文化的空间解读 [J]. 规划师，2006（04）：69-72.
② 黄鹤. 文化政策主导下的城市更新——西方城市运用文化资源促进城市发展的相关经验和启示 [J]. 国外城市规划，2006（01）：34-39.
③ 王丽君. 文化建筑：城市复兴的引擎 [J]. 华中建筑，2007（06）：12-14.

间品质上建筑构成的重要作用，并且对于建筑参与构造城市公共空间的三种途径进行了深入分析，明确提出，建筑一方面可以成为公共空间的定义，另一方面也可以成为公共空间的策源地①。张景秋主要总结和归纳了北京市文化设施建设的布局情况，通过对北京城市文化的功能和演变进行研究，从历史的角度分析了不同时期的北京文化设施的空间布局，和其所呈现出的不同特点。②

针对建筑设计创作的具体问题，王伯伟、江浩撰写了著作《作为城市触媒的公共文化设施及其设计》，对国内外的公共文化设施的最新成果和实例出发进行分析，对当前的设计趋势和建设模式进行深入研究和探析，并且在此基础上，提出对我国的公共文化设计建设所具有的指导意义和经验借鉴。此外，还有众多学者分门别类对文化建筑的功能、内容、设计原则、选址以及平面设计等进行了深入、细致研究，比如许宏庄等著的《剧场建筑设计》，刘星、王江萍编著的《观演建筑》，周人忠主编的《电影院建筑设计》，陈述平等编著的《文化娱乐建筑设计》，张晶、周初梅编著的《文化建筑》等。

1.2.1.2 近代地域文化理论在城市文化建筑中的运用

伴随着中国设计业的快速发展，国内的有关专家与学者们逐渐重视起对于室内设计与地域文化的相关探索，在《继承·发展·探索》（张皆正、唐玉恩主编，上海科学技术出版社，2003）中，主要是从城市规划的角度探讨地域文化的传承与发展的。《整体地区建筑——地域·建筑·文化丛书》（张彤主编，东南大学出版社，2003）主要从自然、文化和技术三个角度，对建筑与地区的自然环境、地区的社会因素以及技术传统之间的内在联系，倡导建筑在全面进步和积极发展的同时，体现文化传统的真实延续，主要是从建筑的角度研究地域文化与建筑的关系的。《中国室内设计史》（霍维国、霍光主编，中国建筑工业出版社，2007）、《走入人性化空间：室内空间环境的再创造》（邵龙、赵晓龙主编，河北美术出版社，2003）等专著中间接涉及地域文化与室内设计的关系，以及室内设计的地域性，风格流派的特点的论述和说明，多从居室室内设计、酒店室内设计的角度对地域文化进行研究，针对文化建筑内部空间设计部分无所涉及。

---

① 程世丹.构造城市公共空间的建筑[J].华中建筑，2003（01）：63-66.

② 张景秋.北京市文化设施空间分布与文化功能研究[J].北京社会科学，2004（02）：53-60.

1.2.2 国外的研究现状

1.2.2.1 国外研究理论

20 世纪以来，随着建筑学理论的不断革新，对文化建筑学的研究也随之走向了更加深刻、更加广泛的研究方向。近几年，对于文化建筑的研究以及城市文化的理论研究从之前的单一的对个体的关注或者对局部设计功能的关注延伸到了对整个城市的整体环境进行研究。杰里米·麦尔森就建筑师以及设计师在经济快速发展的过程中以及社会的转型发展的大背景下，对于公共建筑传统的不同角度的阐释，为地区、国家所带来的影响和个性特征进行研究，同时，在整个的教育过程中，对公共建筑所发挥影响的手段进行探究（杰里米·麦尔森《新公共建筑》）。肯尼斯·鲍威尔的书分为城市重建、城市交通、城市扩张、人文发展等部分，在这些内容中都展示了典型的文化建筑，这些典型的建筑项目表明了城市理念的复兴，是城市建设再生的突出事例（肯尼斯·鲍威尔《城市的演变——世纪之初的城市建筑》）。迈克尔·布劳恩等对传统的图书馆与未来的媒体馆之间的不同进行了分析和研究，并且对图书馆之后的发展进行了考察和研究（迈克尔·布劳恩等《图书馆建筑》）。詹姆斯·斯蒂尔论述了建筑者和合作者为了让剧院、音乐厅、艺术中心等有新的发展和新的用途所进行的努力，正是因为建筑的商业化，使得这些建筑可以成为吸引观众焦点的城市建筑，赋予其新的文化内涵，成为一种文化象征。

1.2.2.2 国外地域文化理论在城市文化建筑设计中的运用

国内外学者在地域文化与建筑室内外设计的领域中，不管是理论还是实践都进行了深入的、全面的认识和研究。已知的与这一方面相关的室内设计作品，主要是奥地利建筑师贝尔纳·鲁道夫斯基于 1964 年于纽约现代艺术博物馆举办的题为"没有建筑师的建筑"（Architecture without Architects）的一次轰动世界的展览，并提出了有史以来最富争议性的地域主义宣言之一，强调从乡土建筑中找到其价值和特质的所在，发掘建筑风格的多样性在现代社会中的意义，直到这时地域文化才得到了应有的重视。英国杰里米·迈尔森的《国际室内设计》（辽宁科学技术出版社，2001），从欧美国家的 15 个典型室内设计案例中，分析了不同地区、民族的设计特征，特别探讨了在室内设计可持续发展中，地域文化所具有的重要意义。并且提出，室内设计实践中，在最细微和细小的布局中展现地域性和民族性是重要的方面。《世界室内设计史》是美国约翰·派尔的著作，是中国建筑工业出版社在 2007 年出版的一部中译本，《世界室内设计史》以时间为主线，对全球各历史阶段室内设计的发展与变化进行了全方位的梳理，并详细论述了各地区的室内设计风格。

1.3　研究的发展趋势

随着人们对精神文化需求的不断提升，对城市文化建筑的设计要求不再仅仅停留在简单的使用功能方面，文化建筑设计的地域性和文化性也应该成为设计师考虑的因素。研究地域文化在城市文化建筑及室内空间中的应用，深入挖掘地方文化的深层含义，对地方文化的精华进行吸收，让设计不仅能体现出中国的特点，还能体现出当地的文化特点，既立足于地域文化、本土特征又具有鲜明的时代气息，以达到提高人们的环境意识和文化素质的目的，使人在进入这一特定场所时能对该场所所要表达的文化、意向以及精神方面产生共鸣，这必将成为中国城市文化建筑发展的趋势。

2　地域文化的概述

2.1 地域文化的内涵

地域：由某一地区的地理条件所形成的一种地域性名称，地域有着相对固定和确定的地理位置，有着范围很大的区域面积。"文化"这个术语的含义和解释有很多，《辞海》中有这样的定义："文化是人类在历史实践过程中所创造的物质财富与精神财富的总和。"文化不仅是人类精神活动的重要产物，同时也是人们对于自身和所处的物质世界的思考和认识，是人类一切经验的总结和概括。

《国际社会科学百科全书》将地域界定为人文文化学学科体系的一个重要分支，是一种在一定的地区内延续下来的、具有持续性的文化特征。然而，在对地域文化进行深入研究的过程中，不同学科、不同领域的专家和学者都尝试从自己的学科角度对地域文化进行阐释，因此，产生了对地域文化不同的理解，地域文化的界定也没有进行定论。从整体上来看，地域文化指的是在长期历史发展的过程中，在一定的地域内的人们用体力和脑力劳动创造出来的，在不断积淀、发展和升华的物质和精神方面的全部成果和成就。

就本质而言，地域文化是一种以地域为界限，具有比较明确和稳定的文化形态，地域文化的形成是历史长期发展的结果，是一个区域的人民在生产、生活、劳作和社会历史的演变中长期积累起来的文化。无论是有形的地域文化，比如名胜古迹、历史文化遗存，还是无形的地域文化，比如风俗习惯、民间艺术等，它们都有着一定的地域性和稳定性，这种特点也是形成区域文化的基本条件和前提。另外，地域文化是在继承传统文化的文化体系、生活方式、行为模式、思想道德模式等基础上，不断接触、交流、相互影响和转化，最终形成一种动态延续与发展变化的过程，这一过程即表现为地域文化的继承性和动态性。从设计艺术学的角度讲，理解和把握地域文化的地域性、稳定性、继承性和动态性的特征，是运用地域文化进行设计的基础。

2.2 影响建筑地域文化形成的因素

在各个地区，因为自然地理环境的差别，再加上人们的生活方式不同，在宗教信仰和思想道德模式等方面存在巨大差别，就会产生出各自的具有不同特点的地域文化。影响地域文化的主要要素可以大致分为三个部分：一是包含气候特征、地貌特征、动植物资源等方面的、形成地域文化的内在因素的自然因素，二是包含宗教信仰、民俗礼仪、生活习性、风土人情等方面在内的形成地域文化的外在因素的人文因素，三是经济技术方面的因素。

2.2.1 自然因素

建筑是人类赖以生存的避风港，最根本的作用就是为人们提供庇护所，因此，很多的自然因素会对建筑有着制约和影响。虽然，人类已经通过技术的力量，得到了很大的生存自由，但我们作为大自然的一部分，还是需要寻求一种与自然相适应的、符合人类的生存和经济需求的、具有特色的建筑形式。

自然地理环境是由诸多自然要素，如地形地貌、气候、土壤、生物等所组成的，不同要素在不同历史阶段对人类文化发展的影响是不同的。在人类发展的初级阶段，人类对自然的依赖性较强，自然地理环境直接决定着人们的生产生活。自然地理环境的巨大差异和分布的不平衡，同时对文化产生了直接或间接的影响，这种客观形成的地域性特征必然会产生不同的地域特色或形式的差异。

2.2.1.1 地形地貌特征

世界上的地形地貌多种多样，我国幅员辽阔，地形种类繁多，有山地，有高原，有丘陵，有盆地，有平原，有戈壁，有沙漠，有洞穴，有着众多的、典型的壮丽景象。在各种地形地貌条件下，形成了各自独特的自然风貌。而这种地理环境的显著特征造成了文化发展的区域性，便形成了世界各国各地区文化多姿多彩的地域文化。在我国，长江中下游平原地形较为平坦，以水田为主，水稻为主要农作物；华北、东北地区以种植旱粮为主，说明了地形对生产、生活方式的重要影响。同样地形地貌的条件也是建筑特色的来源，如以水路呈现的独特的江南水乡格局、充分利用峭壁的自然状态布置和建造的山西大同的悬空寺依山就势建造的吊脚楼等都是在对地形地貌的适应中形成的。

2.2.1.2 气候特征

气候作为自然因素中重要因素之一，直接影响一个地区的自然面貌。气候环境的变化往往对社会及其文化产生巨大的影响。气候条件直接影响一个区域生物生长发育及人类生产、生活活动，形成了地区间发展的多样性。气温的高低、降水量的多少是决定气候的两大主要因素。这些因素也极大地影响了地域文化的形成和分布。如云贵高原海拔较高，年温差小，尤其是昆明一带，冬无严寒，夏无酷暑，有着四季如春的景象；新疆盆地内部年温差和日温差都很大，新疆就有"早穿皮袄晚穿纱，围着火炉吃西瓜"的说法。不同地域的气候特征也决定了地方建筑的发展方向。就我国地方建筑而言，冬季南方大部分地区气候温暖湿润，冬无严寒，一般不需要保暖，因此居民住宅墙体较薄，建筑造型也非常轻盈活泼；而北方地区气候寒冷干燥，为了保暖御寒，居民住宅墙体非常厚重，且采用多双层玻璃，造型则稳重朴实。另外，我国南北方降水和湿度的差异也较大。

2.2.1.3 地方资源

由于早期的人类社会生产力和技术水平低下，自然环境的影响力是巨大的，人们只能依靠当地现有的资源去创造舒适的生存环境，也就有了明显的地域特色。在生产力和科技进步的情况下，这种自然条件的约束力变得微乎其微。但早期自然和技术条件的限制已随着社会的发展积淀成了地区文化和传统的重要组成部分，从而成为每个地区所特有的文化。地方资源包括木材、石材等地方材料，不同地区由于地质、气候等自然条件的不同，在植被、土质等方面形成了不同的特点，所提供和使用的材料也不同，如古罗马的砖石结构建筑、我国云南西双版纳地区的傣族竹楼、陕北地区的窑洞都是就地取材建造的，具有独特的地方色彩。

2.2.2 人文因素

A.拉普普特在对各地地方建筑考察时发现，即使是在自然环境和资源完全一样的条件下，不同地区的建筑的原始状态也会有很大的不同。而这种差异的根源就在于原始人类不同的精神信仰，即人类文化的雏形。

人文社会环境和自然地理环境一样也是影响地域文化的重要因素。随着历史向前推移，人类文明不断积累，文化内涵日渐丰富，人文因素可以理解为人类社会的各种文化现象，包含了历史、宗教、民族、民俗等诸多因素。

2.2.2.1 历史变革

历史变革也会影响地域文化。但凡政治分裂、政权割据、战争频出的历史时期，各个地域文化通常会得到一定的发展，甚至产生新的地域文化。随着城市不断发展，就会产生区别于其他城市的独特的地域特色。而地区的文化特色正是在长期的社会经济发展中累积起来的，它是对历史文脉的继承和对现实的创新。周朝的质朴厚重，汉唐的简约大气，明清的精细严谨，都显示了我国不同历史时期的地域特征。

2.2.2.2 民族民俗

民族是在历史上所形成的、处在不同的社会发展阶段的各种人的共同体，它具体是指具有共同地域、共同语言、共同经济生活和表现在共同文化上的共同心理品质的人的共同体。不同的民族因为所处的不同的地理环境，有着不同的生活方式、风俗习惯，这就造就了不同的民族的文化特征，进而造就了不同的地域文化。

每一个民族，都具有区别于其他民族的本质上的特点和特殊性。就中国而言，56 个民族社交、饮食、祭祀等文化形式各不相同，民族性非常突出。如维吾尔族是个爱花的民族，人们的衣着服饰无不与花息息相关，绣花鞋、绣花衣、绣花袋、绣花巾具有鲜明的民族文化特色；白族崇尚白色，衣物多以白色配对比明快色彩而协调披挂；佤族崇拜红色和黑色，在服饰上多以黑为质，以红为饰，从中即可窥见民族服饰的民族性对地域文化的影响。

每个国家，每个民族，由于在语言、历史和文化上的诸多差异，都会形成不同习惯、喜好、生活方式，从而表现出丰富多彩的民俗现象。民俗所涉及的范围十分广泛，包括服饰、饮食、工艺制作、民间崇拜、禁忌、信仰等，可以反映在某一地域、某一民族甚至某一行业，与人们的生产生活发生着密切的联系。如陕北人爱唱的信天游，既映射出黄土高原沧桑巨变的历史，又体现着黄土地上淳朴的民俗风情。以中国家具为例，人们借由家具的尺寸来表达对美好生活的向往，在过去中原地区民间就有"床不离七"的习俗，"七"是"妻"的谐音，即床的宽窄、高低尺寸中必须有"七"。这些约定俗成的定律和地方喜好，成了地域文化形成的一个决定性因素。

2.2.3 经济技术因素

马克思、恩格斯以人类实践为依据，创立了唯物史观。马克思、恩格斯曾说："物质生活的生产方式制约着整个社会生活、政治生活和精神生活的一般特性。"

建筑不仅是一种文化现象，而且是一种物质的生产活动。这不仅受文化发展的规律所控制，而且受经济发展的规律所控制，其中，经济基础在这个过程中起着决定性的作用。随着社会生产力的发展，人们的建造技术、建筑技能也随之进步。随着生产力的不断提高，建筑形态也发生了质变。因此，在一定程度上，一个国家或者一个区域，其建筑的发展程度，将直接取决于该地区或者社会的经济发展水平。由于各地区的经济发展程度不尽相同，建筑面貌也存在巨大的差异，因此，在建筑的技术手段、构成形式等方面，都要与该地区的经济、社会发展程度相一致。

2.3　设计中的地域性特征体现

所谓的地域性指的是与一个地区有联系或相关的特质或者本性，或者指的是一个地区自然景观与历史文脉的综合特质，具体包括了地形地貌、气候特征、动植物资源以及历史遗风、宗教信仰、民族、民俗礼仪、本土文化等因素。正由于上述因素的相互影响，才构架出独特的地域风貌。可以说地域性是某一特定地域自然环境和人文环境共同构成的总的特征，是地域中事物所具有的共性构成的。地域性本身并不代表差异性，由于地域本身之间的差异才造成了地域性之间的差异，即地域的个性。

　　而设计的地域性，则是指在设计中对本地的、民俗的、民族的风格进行吸收，对本地区历史上留下的各种文化痕迹的进行采纳。在进行设计的时候，要充分地尊重历史传统和文脉，要充分地尊重自然因素和人文因素，对于当地的生活方式、宗教信仰、民风民俗等要尊重，要将其与时代的发展需求紧密地联系起来，并在批判的基础上对其进行继承。

　　地域性的体现不同于传统的仿古、复旧，而是在功能上、在构造上都遵循现代的标准和需求，深入民族文化的精神领域，在建筑各个组成部分以及室内空间的各个组成部分的色彩、空间形态、装饰、材料、陈设、肌理以及整体氛围中的表现地域性设计语言。在地方材料应用上，要适应现代生活的实际需求，在以人为本的基础上探求地方材料的开发运用。

　　也就是说，全球化与地区性之间、现代化与传统之间应该在相互吸收、相互扬弃的过程中，寻找到一种辩证的结合之路。也就是说，在设计中，地域性的表达方式不仅要将当地的文化精髓凸显出来，建立起自己的文化根基，同时要注意融入当代的多元文化，来适应当今经济社会发展和现代生活需要，反映时代精神，让设计作品中充分展示出地域性的特色，以满足人们对地域文化回归的愿望，保护和发扬独特的地域文化。

　　地域性用文化的观点来理解，指的是在漫长的历史发展过程中，某一地区的人们用他们的身体和脑力劳动所创造出来的，在经过长时间的积累、沉淀、发展、创新、升华之后产生的物质和精神上的全部成果和成就。我们对于地域性文化回归的探究，其并非是狭隘的。首先，地域性文化的回归并不是一种对过去的和创投的盲目崇拜，并非让整个文化倒退到过去；其次，地域性文化的回归，不是简单地重复、叠加、抄袭、模仿传统的物质或精神；最后，地域性文化的回归并非排斥现代文明。

　　恰恰相反，真正的回归应该是对人类的文明发展过程的尊重，根据其所产生的物质和精神，来掌握其传统文化的脉络，并且对传统文化进行批判性的继承和发展，批判性的吸收和创新，所以，在进行地域文化的表达时，必须要反映出当下的时代精神，要与当前社会和经济发展的需要相符合。吴良镛院士、林少伟先生在清华大学召开了"当代乡土建筑"全国研讨会，在会议上对"现代建筑地域化"与"乡土建筑现代化"这个命题进行了论述，指出要在当前的建设潮流中，为中国的建筑找到一条新的道路，要积极挖掘和利用传统文化中的优秀资源，借助于传统文化所具有的潜力，同时将先进文化融入其中，以满足经济发展的需要，符合现代生活的需要，以此为基础实现对传统文化的综合性创新，这也成为对地域文化进行创新的基本途径，是地域文化理性发展的根本途径。只有在这种回归的过程中，我们才能创造出具有地域特征和时代感的景观建筑。

3　城市文化建筑的概述

3.1　城市文化建筑的内涵

文化建筑是一种文化的交流场所，也是一种文化传达的机构，其体现着一定的文化内涵，体现深层次的文化内涵和较高层次的文化品位，是将文化融入建筑设计中，以文化活动为主要功能，对整个城市的文化建设具有重要的作用，它是容纳了各种艺术活动、教育活动及展示活动的建筑类型，包括博物馆、图书馆、美术馆、文化馆、音乐厅等不同类型的文化建筑。

表 3-1　文化建筑的主要类型

类型	功能	代表建筑物
图书馆	搜集、整理、收藏图书资料，供人查找阅读	上海图书馆（1952 年）
博物馆	收集、收藏、保护、研究、展示人类活动和自然环境的见证物	大英博物馆（1753 年）
美术馆	收集、保存、展览和研究美术作品	日本 MIHO 美术馆（1997 年）
文化馆	开展群众文化活动，为群众提供娱乐场所	上海光大会展中心（2007 年）
展览馆	展出临时陈列品	上海展馆（2010 年）
艺术馆	收藏品、艺术品、绘画作品	美国国家艺术馆（1937 年）

3.2　文化建筑设计的基本特征

3.2.1　文化建筑的功能性特征

作为一种文化传播和文化交流的公共场所和空间，文化建筑对城市文化的塑造起着举足轻重的作用。文化建筑一方面为社会各个阶层之间进行文化交流提供场所；另一方面还对当地的文化内涵进行了反映，对社会事例的发展过程进行了体现。具体而言，文化建筑具备一些美学特点：造型性、功能性、象征性、形式性等。

3.2.1.1 文化建筑的社会文化传播功能

作为建筑功能的延续，文化建筑不仅承担着传播科学文化的功能，还具有文化表象功能，它承载了表达城市未来理想、反映城市历史渊源的双重作用，是一个城市文化的主要代表。现代文化建筑被看作实行社会文化教育的重要手段，它通过组织艺术欣赏、讲座、观摩等活动，提高城市居民的文化素养，成为现代人终身学习的场所，也是辅助学校进行教育的不可或缺的校外课堂。

3.2.1.2 文化建筑的公共交流功能

城市文化建筑已成为各国、各地区、各民族之间增强了解与互通友谊的桥梁，通过使用本土化的设计语言，开阔公众的视野，促进交流。政府、企业和学校等以文化建筑为载体，借助于形象生动的"文化语言"，将其视为对外交流的重要手段，并以此为基础来营造良好的公关关系，实现公共文化沟通的目的。

3.2.2 文化建筑设计的创新性特征

在当今世界，世界一体化已不仅仅表现为经济全球化，更是表现为文化全球化。只有将传统文化中可利用的资源和潜能进行发掘，将现代先进的文化成果融合到一起，才能满足经济发展的需要和现代化建设的需求，才可以将被遗忘的历史文脉重新唤醒，将被忽略的地域文化发扬光大，从而创造出既具有浓郁的地方特色，也具有时代气息的地域建筑展现时代风貌。这是我们每个设计师都应承担起的一份社会使命，也是一份历史性的责任。

在全球化进程中，我们不应该对其他文化建筑系统所具有的"地域性"持盲目的、对抗的姿态，而应该秉持反思的态度，吸取其中的经验教训，从而修正、批判、发展自己的建筑文化。正确对待其他的建筑文化"地域性"，在面对西方建筑文化的时候应该借鉴其优秀部分，认真学习建造技术、材料运用、建筑形式等方面的优秀成果，在两种建筑文化之间，寻求可以普遍适用的原则和技术，以此为基础为中国建筑文化的发展提供有益的借鉴。并在此基础上，对我国的传统建筑文化、近代以来的建筑文化以及现代建筑文化也有一个客观的认识。认识到所有的建筑文化都是文化变迁的结果，从而知道怎样在发展过程中进行创新。

3.2.3 文化建筑设计的文化特征

文化建筑在不同的社会环境下表现出的信念和理念也各不相同。比如，在封建时代，对民众开放的城堡，一般是承担替统治者粉饰太平、展示财富的作用。但是，在现代社会中，一般来说，文化建筑代表着日益增长的民族自信心，同时蕴含着对社会发展的美好愿望。当前社会，知识更新速度非常快，文化建筑可以成为一种更加宽泛的教育方式，文化建筑一般借助于开展各种活动方式，比如专题讲座、创作辅导、艺术赏析、体育比赛等活动，将社会文化展示给人们，以此为基础，实现提高和改善公众文化素质的目的。当今世界，各国的文化建筑都是一种文化的展示场所和空间，一座座的文化建筑成了世界上受欢迎的文化活动场所。在今天的中国，已不再只有长城和故宫是文化标志，在北京奥运期间建造的鸟巢等建筑，正逐步变成新的文化符号，将中国的文化展现得淋漓尽致。

3.2.4 文化建筑设计的时代特征

建筑是一个时期的缩影，是一个时代的产物，是社会、经济、文化、科技的综合反映。建筑的创新，应与当代的特征和需求相适应、相符合，建筑要用自己独特的语言，来表达其所在时代的本质、科学技术理念、思想和审美价值。当代建筑的主导样式是由时代的精神所决定的，只有抓住时代发展的脉搏，吸收优秀的地方文化之精髓，才能使建筑不断创新，不断前进。

在人类的发展过程中，不断探索自然美、艺术美、社会美、人格美、人性美、人体美等，这一过程表明，人不仅仅寻求物质上的享受，同时还追求美的享受。对于人类来说，一方面用美的规律来对这个世界进行改造，另一方面也借助美的规律来塑造自己。伴随着人类社会的不断发展，现代人的居住环境也在不断地改变，随之而来的是对于建筑的要求也逐渐提高，这就催生了越来越重要的建筑设计。而在建筑设计上的改变，也反映出了人们审美情趣的改变。从这一点上，我们可以看出，各个时期的审美和理想是不一样的。作为社会人，必定生活在一定的社会关系之中，我们不可避免地要受到一定时期的物质生活条件，一定的政治、阶级关系，文化、哲学等思想的影响，会受到时代的限制，因此，具有一定的社会的、历史的普遍性内容，换言之，在美学的个体中，可以反映出社会的普遍性，这也就是我们所说的共性。而这种共性的共同特点，就是某一时代或者说某一部分社会大众的审美取向，它们体现了社会的主流审美价值。不断变化的社会、经济、文化、科技等，会深刻影响人们的审美观念，这就体现了审美意识具有时代性。每一个时代文化建筑的审美倾向，往往折射出一个时代的大部分人的生活与精神状态。

3.3 城市文化建筑的发展变化

据西方史料记载，公元前 7 世纪在两河流域的尼尼微王宫的遗址中发现了文化建筑——亚述国王亚述巴尼拨的图书馆、在古埃及的废墟中发现了阿门霍特普四世建造的埃赫那顿王室图书馆，公元前 33 年在罗马城自由神庙里建立了第一座公共图书馆。但这些文化建筑并未完全向公众开放，随着社会的发展和人们日益增长的文化的需要，文化建筑便逐渐走向公共开放的道路。1637 年，世界上第一座歌剧院圣卡西亚诺剧院在意大利的威尼斯揭幕；1682 年，世界第一座博物馆阿什莫林艺术和考古博物馆向公众开放；1852 年，世界上第一座公共图书馆英国曼彻斯特公共图书馆建成；1872 年，瑞士巴塞尔建成第一座公共市政美术馆——巴塞尔艺术馆。

而我国，文化建筑的建造也有着悠久的历史，以图书馆为例，距今 3500 多年前的殷商时代出现了用龟甲兽骨刻文记事，是我国发掘出的最早的图书形态和中国图书馆产生的起点。从殷墟甲骨卜辞起，中国的图书馆随着社会经济文化的发展前进。春秋战国时期是诸子蓬起、百家争鸣活跃的时代，当时的重要的藏书处被称为"盟府"或"故府"，是现代图书馆的萌芽。然而历代封建王朝设立的藏书楼，都是为维护其统治，是不允许劳动人民进入阅览和抄录的，这与现代意义的图书馆是有极大距离的。我国由旧式的封闭式藏书楼转向为具有公共性质的开放式的图书馆则要追溯到 1840 年鸦片战争以后，维新派建立的学会藏书楼。此后，受西方文化的影响，我国出现了一些西式图书馆，如 1907 年建的南京金陵大学图书馆、1908 年建的上海沪江大学图书馆等。另外，博物馆和美术馆等其他的文化性建筑，也都是在这个时候从西方引进中国的。1860 年澳门岗顶前地的岗顶剧院，更是被称为中国最早的西式剧院。人们开始对西方文化建筑从最初的猎奇到后来的接受、欣赏，中国的文化建筑美学观念一直在发生着变化。这种现象一直持续到改革开放之后，我国的政治和经济取得了瞩目的变化，人们在物质生活水平得到了基本满足以后，开始关注文化生活的发展，城市文化建筑项目如雨后春笋，竞相开工建设。城市的发展理念也逐渐从"生产基地"向"人居乐园"转变。国内许多大中城市开始修建具有标志性的大型文化建筑，如国家大剧院、国家图书馆等，一批具有当代文化特征和大众审美特点的城市文化建筑相继落成，不仅代表城市经济发展的新水平，也代表了我国文化建筑新的探索，这无疑促进了现代文化建筑的发展，对我国今后文化建筑设计产生深远的影响。

3.4 城市文化建筑现状及存在问题分析

伴随着城市中文化建筑的种类越来越多，社会对文化建筑的要求不断增多，开始关注文化建筑智能的发展，文化建筑伴随着人类文化需求的变化处于不断发展变化的过程之中。现代意义上的城市文化建筑打破了传统观念，从"庄严""权威"向"开放""活泼"的形式发展，更加强调人的情感与精神需求，重视人、物与环境之间的情感互动关系，注重传播方式的人性化，以一种亲切的形象与大众进行情感交流，满足人们的多方面精神文化需求。

3.4.1 人性化设计的忽视

当前，我国许多城市的文化建筑，在设计上更加重视其特有的视觉效应，一般来说，会借助于"庞大"的建筑物达到对城市形象进行宣传，从而达到提高经济效益的目标。这样一味地追求潮流、求大求新，必定会对城市文化以及城市的发展产生不良的后果。首先，过于庞大的建筑往往忽略了合理的空间布置与空间的舒适度，导致建筑不能提供给人们行为上的适宜空间环境以及心理上适合的空间环境。其次，尺寸太大的建筑物必然会造成人力、物力、财力、资源等方面的浪费。

3.4.2 设计理念的不单纯性

城市文化性建筑通常被认为是一种象征，是一种城市形象的符号，是城市的标志性建筑。关于其所具有的标志性的内涵主要如下：第一，在建筑室内外设计中地域性的表达，比如：传统建筑、地质地貌、地方特色等。第二，建筑室内外设计中对蕴含着当前主流审美理念，设计师常根据本地区的地域特色力求寻找到一种契合。但从当下文化建筑中发现为突出其标志性、符号性，设计师首先会定出其设计理念，然而这些所谓的理念，有时并非设计师主导思想，仅仅是为了迎合决策者的审美，也就是说这类城市文化建筑所表达的形式和理念，基本上反映的是决策者的审美意识，缺乏抽象审美特点。

除此之外，设计师为了对设计理念进行说明，展现设计思路，往往会从多个层面阐述，其中一种会实现对决策者的理念进行满足，另外一种是对设计者自身的满足，若两者能达成一致，则可实现"共赢"局面；但是，如果不能实现统一，一般情况下，优先满足决策者的要求和审美。在文化建筑领域，乃至在设计界，经常会出现这样的情况，虽然设计师对此负有一些责任，但也证明真正起到主导作用的是决策方，设计理念很难做到"纯粹"。

3.5　当代城市文化建筑表达的影响因素

3.5.1 经济发展

生产力的发展决定了社会的进步，物质文明是精神文明的基础，当代的城市文化表达的前提是经济的发展，在某种意义上来说，经济发展水平对一个城市或地区的建筑发展有一定的影响。经济的发展是一个城市文化建筑发展过程中最为基本的一个影响因素，而经济要素是一个城市发展的基础，它与城市文化建筑的发展密不可分，建筑艺术的创作也具备了更多的可能性。在建筑史上，一般都是以经济为支撑，经济的发展为建筑风格的生成和演变提供了可能性。

因此城市文化建筑在设计过程中首先需要考虑到经济因素的影响。城市和建筑因其区域差异、经济发展的不平衡而表现出明显的区域性特征。扎实的物质基础是建筑艺术的前提，建筑艺术的创造建立在经济发展之上，经济为建筑艺术提供了更多的选择。

埃及是一个辉煌而又古老的国家，埃及人之所以能建造出宏伟的金字塔，是因为这个国家建立了数百年，实现了统一，尼罗河的水位每年的涨落，给当地土地带来了营养物质，肥沃的土地让法老拥有了大量的财富和权力，他们雇佣了数以百万计的奴隶来修建宏伟的建筑。这一点，对于身为发展中国家的我们来说，有着非常深刻的感受。自从改革开放之后，我国的经济建设取得了快速发展，同时，我们的精神文明也在持续发展，对文化类建筑有着迫切的需求，但当时中国的经济和发达国家相比还是有很大的差距，由于技术条件的局限性，在这个时期所建造的城市文化建筑，大部分都是为了满足功能，并没有深入研究建筑的形式，因此，大部分的建筑风格都是相对单一的，缺乏创新和特色。对地域特色的保护和发展更是无从提及。之后，随着经济的支持和技术观念的提升，赋予了我们更多的建筑创作自由，城市文化建筑类型也不断增多，体育馆、博物馆、图书馆等文化建筑大量涌现，功能进一步拓展，其设计风格也由过去较为单一的传统的古典风格和"国际式"的风格，逐渐向注重地方文化的方向发展。

在城市文化建设的实践中发现，由于我国地域广阔，城市众多，不同城市地域差异和发展程度相差巨大，因此对于城市文化建筑的筹建就需要结合当地的现实经济发展水平，进行地方财政能够承受的和当地群众的消费能力能够匹配的规划。建成后要考量该项目是否带来良好的经济效益和社会效益。建筑师只有关注社会经济环境，采用适宜的方式才能更好地完成城市文化建筑设计。

3.5.2 科技进步

在人类建筑发展史上，每次经济和科技的巨大变化，都会带来一次伟大的建筑创新，形成辉煌的建筑时代。如果说，现代建筑的技术美学是由于18世纪所建立的理性精神和科学精神以及20世纪机器文明的发展得以确立，那么，在信息——后工业社会中，科技面临新的发展，科技的进步也同样引起了建筑设计哲学的改革及建筑审美理念的变化。这一点发生在古代希腊，然后发生在文艺复兴，最后发生在现代。

在城市文化建筑中，科学技术因素对建筑业起到了制约作用。科技的进步丰富了地域建筑的手段，科学技术的支持将赋予我们更多的建筑创作自由，对于文化建筑提供了更多表达地域文化元素的可能，新材料和新技术得到了广泛的应用；而在此基础上，设计师们又根据当代建筑所面对的环境和人文的危机，尽可能地对文化建筑进行调整，在满足建筑使用功能的前提下，使其更好地发挥出其应有的作用，体现人文精神，这有利于促进文化建筑的地域性表达。

但是，从另一个角度来看，技术和经济并不是万能的，不可能包罗万象，也不可能作为衡量各种建筑文化优劣的标准，不能对所有的建筑艺术进行覆盖。就像某些发展中国家的智者们所说：他们的祖国虽然在经济上并不富有，但是他们有着富有的文化。所以，对于一个区域的建筑发展来说，一方面要努力提升其技术水平和经济的层次，有针对性地去学习先进的技术；另一方面要对已有的技术进行改良和完善，并将传统的技术中所蕴含的潜力挖掘出来。比如，哈桑·法赛（H·Fathy）是埃及建筑大师，他结合当地的经济和技术状况，改良和创新了埃及传统和民间的弯隆结构技术，从而将弯隆结构技术应用于贫民低造价建筑，将贫民低造价建筑提升到一种全新的艺术水平和艺术境界，使高技派在追求单纯的技术表达中有了一种"地域性"表达，哈桑·法赛成了建筑师的楷模。因此，要想发展建设经济，提升建设技术水平，就不能一味地强调"技术至上"，要因地制宜，不能对当地的生态环境进行破坏，要立足于实践，选择适合自己的技术路径，把人文建筑融入环境中，注重提升建筑技术内涵，利用现代化的技术手段，营造出更多形式、更多用途的室内空间。将传统营建方法与现代科技手段有机地结合起来，可以为城市文化建筑的表达起到"画龙点睛"的效果。

城市文化建筑具有多样化的功能，因此建筑自身也要与未来的发展和变化相适应，将如仿生、智能、数字化等高科技融入建筑设计中，可以对建筑造型、采光、通风等形式进行处理，这是与弹性化、灵活性的空间发展要求相吻合。在设计中，设计师采用合适的工艺，运用合适的科技手段，将会更好地表现出文化建筑的地域性特征。

3.5.3 审美差异与转变

20世纪以来城市各类型文化建筑数量急速增长，作为公众参与度极高的建筑类型，大众的审美以及建筑师的审美对城市文化建筑设计的发展起着重要的推动和促进作用。

建筑艺术的首要任务是给人提供赖以生存的生活环境与空间，以满足人的物质需求与精神需求。与此同时，它也是一种特殊的表现形式，它借助于具体的形态满足人们的需求，影响人们的行为和思想，进而影响人们的生存与生活。因为人们所处的地域不同，因此，对待客观地域的审美有着不一样的看法与观点，有着不同的态度。传统建筑地域形态的组成，从侧面体现了地域人民的文化发展需求，可以传达并唤醒人民对既有的情感和认知。当今社会，许多不同的文化常常同时出现于一个地区，而且每一种文化都可以传播到世界的每一个角落，因此，地域建筑形态所具有的动态与相对性显示出其特殊的意义。

现代建筑的美学本质，正经历着一场深刻的变革，现代建筑的审美文化，正以一种全新的方式，对传统的美学规律进行着颠覆，呈现出全新的格局。建筑创作因为不同的建筑审美观和价值观，表现出了千差万别，这就导致没有也没有必要使用一个统一的评估体系。

审美的转变和建筑的发展有着不可分割的关系，因为建筑内部的矛盾运动，也就是手段、内容、形式之间的关系既相互对立又相互制约，这才能促使建筑的持续发展。在建筑的长期发展过程中，其形式从封闭走向开放，再到封闭；建筑格局从严谨、规整、对称发展到自由、灵活、独具特色，又回归到严格、对称；在建筑装饰的运用中，从简单到复杂，从复杂到简单，都反映出了一种辩证的规律。然而，从古典建筑倡导的人本主义，到现代建筑形式的冷漠、单调、枯燥，没有人情味，再到后现代建筑的审美价值，它们并没有完全否定历史，而是相互吸收，在辩证中获得发展。

建筑艺术和建筑审美哲学有着紧密的联系。人类为自身创造的物质层面的生活环境就是建筑，建筑的基础是社会物质资料的生产，首选应该对人们物质生活的需要进行满足，不仅如此，建筑也是人们进行艺术审美的对象，属于物质文化形式。在车尔尼雪夫斯基看来，作为一门艺术的建筑，较之其他一切实践活动，更加专一地遵从着美感要求；恩格斯认为，早在原始时代后期，就已出现"作为艺术的建筑术的萌芽"。所谓的建筑审美哲学指的是对建筑这一审美规律和特征进行研究的科学理论。在《1884年经济学——哲学手册》中，马克思将审美视为人类实践活动的一种特性，即人类根据"美的法则"进行建造的能力。由此说明，不管在哪个时期，人的审美观念，也就是美的创造、美的发展等都是在一定的社会实践过程中产生的。对于建筑而言，审美观可以被认为是一种将人类的生活美学与建造技术相结合的一种艺术观点。我们可以认为建筑艺术是社会中的社会意识形态以及审美的观点在建筑上的体现，对于任何一个时期的建筑形式来说，不仅经济和技术会对其产生影响和制约，而且它还受到那个时期宗教信仰、政治、审美习惯的影响，因此产生具有时代特色的建筑风格。

那么，人的审美观在建筑艺术的发展历程中，在哪些层面上产生了变化？在地域建筑审美转型过程中，一个重要的影响因素就是审美的主体出现了改变，从之前关注建筑本体到如今的关注人自身，对于艺术和审美着重从人的存在去把握。主要原因在于，在客观世界中，人积极参与其中，这种积极的参与，获得了对象世界本身不具有的人类学意义，而哲学和美学的目的就是从人的这种深入而广泛的存在背景中，对主体存在的最初意义进行把握，将人生的丰富内在进行展现。这就需要地域性的建筑形式来维持其生存空间，为该地区的居民带来真切的感受与体验。

在地域建筑的审美改变过程中，审美的范围由单一向多元，这也是地域性建筑审美演变的一个主要特征。地域建筑形态在现代意义中一方面需要对建筑形式和建筑风格的传统意义进行关注；另一方面，面对世界文化的不断发展和变迁，应该对审美的过程化和生活化进行关注。在对地域建筑进行再诠释的过程中，我们能够发现人与社会、人与自然、人与人之间的文化、历史和实践关系，伴随着主体意识，我们将会转向追求多元诠释。

审美价值标准是一种内在的衡量尺度，它影响着审美主体的审美行为和活动并对其产生影响。在当代建筑的审美变化，也就是审美主体的变化，这与在历史价值观、文化价值观、技术价值观上表现有所不同，这直接导致了出现不同的审美情趣、审美态度。这种基于地域差异的审美差异，势必会对该地区的建筑地域文化要素的表达产生一定的影响。这对建筑的发展起到了促进作用，同时对文化建筑的发展起到了直接的作用。得益于不同的建筑审美观、建筑价值观，使得出现了不同姿态的文化建筑创作。

3.5.4 思维方式转变

人们的思维方式在不同的历史时期、经济条件、科技发展和区域之间，存在着差别。这种差异性会影响人们不同的建筑审美，影响建筑行业的发展。举例来说，日本人的建筑空间受到日本人的思维方式的直接影响。日本人认为空间有两种——"内"和"外",其中"内"指的是家,"外"指的是家庭之外的社会。如果把鞋子脱掉,可以进去的、舒适的地方就叫作"内";如果把鞋子穿着进去的,那么就叫作"外"。以日本的温泉观光旅馆与西洋式饭店为例,从外表上来看,这二者几乎一模一样,但里面的空间结构却是天差地别,这其中最主要的原因,就是"内部"和"外部"之间的边界设置方法有所不同。以旅馆为主导的餐厅,客人在入口处必须先把鞋子脱掉,对于日本人而言,从脱掉鞋子的位置就已经到达了"内部空间"。所以,对于日本人来说,大厅、走廊和电梯是"内部"空间,人们可以在里面随意走动。不仅如此,旅馆式饭店晚上一般都是关着门的,但是客房并没有上锁。甚至连沐浴这种私人的事情,都会有很多人在海边、山下等风景优美的大型浴场里一同泡澡。对于日本人而言,旅馆就是一个"内部"的地方,在这里"家"被放大了,在这里偶遇的人们会不约而同地聚在一起,其乐融融,宛如一家人。相比之下,所谓的西洋式饭店正门是全天 24 小时开放的,可以穿着鞋子在大厅、走廊里漫步。和日本式饭店的空间不一样,这里是如街道一般外部秩序的延伸,是公共区域。所以,在这种情况下,偶尔住在一起的人们,如果只穿着睡衣、浴袍和裤子,是不合适的。西洋式饭店里,客房之间隔着坚固的墙壁,还有一扇沉重的大门,大门上有精致的锁具。人们普遍认为,走进旅馆的屋子,就是走进"内部"。相反,从屋子里出来的时候就与日本人穿着鞋子走出家门一样,进入了外部空间,屋子外面的一切,都是"外部"。在传统的思维方式上,日本人与西方人不同,这就直接影响了他们建筑中室内的布局。但是,在时代的不断变化中,人们的思想观念也在悄悄地改变,人们对传统的看法也从一种简单的、单一看法转变为多元化的看法,理所当然,现代建筑设计师的价值观念也在朝着多维的方向发展。针对传统问题的,以"文化价值观"的多元化和批判性的地域观念取代了以往单一和僵化的"文物价值观",这也标志着现代建筑设计师价值观朝着多维度扩展。对于这一传统的地域性建筑,人们逐步有了新的理解。

在很长一段时间里,对待传统建筑,我们的建筑师都是偏重于"官式建筑",忽视了民间建筑的形式;就其研究范围而言,存在着忽略了民族审美文化的问题;在研究方法角度,他们只重视对建筑外形的学习与研究,而忽略建筑所蕴含的文化和哲学等深刻的含义;在设计手法上,多采用模仿的方式,极力追求建筑上的

"形似"。这些其实都不利于我们对传统建筑的研究，只能导致创作的僵化、教条主义，没有创新精神，使得传统的建筑渐渐失去活力和生命力。中国建筑师在经历了漫长的历史探索与研究国外史学之后，在处理传统建筑的问题时，形成了一种多元化的文化观念。他们不仅重视研究传统建筑的"形"，而且开始对村落、民族的文化结构进行研究，包括建筑的空间构成、比例尺度等问题，以及关注传统建筑所隐含的多元、动态的文化属性，以此把握其深层次的文化内涵。

不仅如此，中国建筑师在国外建筑思潮的影响下，改变了以前对外来建筑抵制、回避的观念，将各国的建筑都纳入到可借鉴的范围内，通过协调、移植的方式，打破单一的中国传统建筑文化寻根的局限，让建筑作品能够将国内外的各种文化信息融合在一起，从而让建筑师的创作思维从单一发展到多维，使建筑更加具有文化感染力，更能为人们所接受。

4 典型城市文化建筑基本设计要求

4.1   图书馆

图书馆作为标志性的公共文化建筑，不仅是搜集、整理、保管人类文明的载体，也是一个永久性质的社会教育机构；不仅是建设精神文明以及创造财富的阵地，还是人类文明的宝库，并日渐成为反映一个国家或地区综合实力和文化水平的标志。

4.1.1 图书馆建筑空间设计基本原则

4.1.1.1 选址便捷性原则

现代图书馆建筑设计时应该遵循便捷原则，该原则主要体现在以下三个方面：一是图书馆的布局方便读者，二是资源组织方便读者，三是服务设施要方便读者。

图书馆所处的地理位置对于读者来说是否便利，会对图书馆的利用产生很多的影响。依据选定的地址，图书馆空间布局设计的重点在于解决图书、读者和管理员的流线问题，保证其流动动线的通畅和方便，减小流动动线在馆内的占用的空间，增加空间利用率。图书馆的平面布局应该要简洁合理且紧凑，对于迂回曲折的路线要尽可能地避免。在馆内设计的时候要设计非常明确的道路动线，在进行功能空间布局的时候应该本着连贯、开阔、灵活的特点来进行，以此才能实现藏、阅、借的一站式服务和一体化进程，为读者提供良好的借阅环境。读者在进入图书馆之后，可以在最短的时间内以最快的速度获取自己所需的资料、信息和文献，可以非常方便地找到信息综合布点，实现对图书馆的自主利用。

4.1.1.2 多功能性原则

图书馆是一种功能非常强大的建筑物。随着时代的进步，图书馆的含义发生着改变，它的作用也发生着改变，图书馆外延也在扩展，它已经从一个单纯的、具有传统意义的图书馆，变成了一个具有多种功能的、能够为人们提供更多服务的、开展学术交流的、进行教育培训的和休闲娱乐的地方。所以，在建筑设计中，图书馆要将建筑的多功能性考虑进去，既要为读者提供传统的静态阅读空间，也要设置如会议室、书吧、咖啡吧、影音厅、文印服务部等各种可以满足社会活动所需要的动态空间，从而形成一种以图书馆为主体，同时对其他社会活动也可兼容的新型图书馆。

4.1.1.3 智能化原则

在现代信息技术快速发展的今天，不断涌现出更多具有更高智能水平的图书馆。智能化的图书馆主要是指综合运用了电子信息技术，对图书馆建筑中的设备进行自动监控，对馆内的信息资源进行科学的管理，并为读者提供了高效率、高质量的信息服务的一种现代化图书馆。

楼宇智能化：利用自动化系统，能够集中的、自动化、智能化管理图书馆大楼内的全部机电设备、能源设备。利用计算机控制技术、数据处理等技术手段，通过通信网络实现对智能大厦内的能源、机电、保安、消防等设备展开信息联动，从而实现对楼宇集中、有效的管理。

通信自动化：指对馆内各层的信息通道进行连接，以此来完成馆内语音、数据和图像的传输，形成楼宇数字通信网络，除此之外，还要与数据通信网、计算机互联网、卫星通信网等外部通信网络相连通，以保证信息的通畅。

办公自动化：利用各种先进的技术，比如多媒体技术、通信技术等，来实现对馆藏文献的管理与服务等办公的目的。

布线综合化：布线综合化是图书馆智能化发展的一个主要特点。布线综合化的应用保证了计算机网络的正常使用，是通信系统得以正常运转的前提和基础。布线综合化指的是与其它自动化布线系统整合起来，统一对各种智能系统进行有效的、统一的综合布线和控制，比如电子会议系统、楼宇自动化、一卡通系统、火灾报警系统、消防联动系统、办公室自动化系统、保安监控系统等，布线综合化有利于提高图书馆的信息服务质量和水平，在安全防护以及运行管理等方面实现自动化管理。

4.1.1.4 文化艺术性原则

图书馆是一座具有文化意义的建筑，它的发展更应该注重读者的精神需要。

图书馆的建立既应符合读者对图书馆内在、原本功能的要求，又应给予读者一种审美和精神上的享受。

就建筑造型和室内环境来说，图书馆应该追求文化品位，力求对理念进行表达，不仅如此，图书馆还应该与所在的地理环境和谐统一，为读者营造一个良好的、亲切的文化阅读氛围，提升读者的阅读体验。在图书馆的馆内环境设计时，可以将一些雕塑、绿色植物、绘画等加入其中，读者的良好心态有利于在这样的艺术创造中形成和加强，不仅如此，还能增强图书馆的艺术感染力与魅力，增强文化底蕴。在图书馆的外观上，一方面应该强调美观和庄重；另一方面需要展现图书馆中具有的深刻寓意，展现设计者独一无二的设计理念。西班牙国家图书馆坐落在麦德林市的一片斜坡上，麦德林市坐落在安第斯山北部一条深邃的山谷里，四周都是陡峭的地形。在建设时，设计人员将图书馆与山谷的地貌相结合。这一设计将图书馆的功能区域与周边环境进行了精妙的搭配，突出了周边山峦的不规则轮廓，根据当地实际情况，进行了形态巧妙的组织，就好像将一座建筑分割成了与周边山峦相似的形状，使之成为一种"人造景观"，对于山体结构，从形式、空间两方面进行了重新界定，突破了传统以景观为建筑背景的思维定势，使两者的边界变得更加模糊。这座建筑既是一座实用的建筑、功能性的建筑，又是一件艺术品。

4.1.1.5 舒适性原则

现代图书馆在设计中对舒适度的关注越来越多，舒适度主要表现在以下几个方面：视野开阔、色调柔和、光线适宜、设施舒适、温度适宜、布置优雅、干净卫生等。图书馆的每一层都会有一个休息室，其中会有一部分空间用来做研究室和讨论室，因此，需要在这些空间中的办公桌和其他位置留有网络连接的接口。为防止造成读者的心理压力和精神上的疲劳，馆室的色调应该具有一定的文化。图书馆的桌椅、门窗、书架、灯光等设施应在质地和色彩上与图书馆的整体环境和设计气氛相协调。

4.1.1.6 可持续发展原则

在设计和建设图书馆时，既要考虑当前读者的需要，也要考虑将来读者可能出现的需求。因为图书馆一般都位于市区内，所以它的建设也就成了一个重要的城市建设项目。所以图书馆的建设不能只看现在是否够用，一座新的图书馆至少要用上几十年甚至上百年。对于当前与之后长远的关系问题也是图书馆在建设时需要考虑的问题：首先，在进行图书馆的设计时，不仅要考虑其自身的可扩充性，更要兼顾城市的规划建设，满足城市的发展需求；其次，建立新的图书馆，不仅要考虑一次建设的成本，还要考虑到图书馆建成后所需要的人力资源成本、运行成本和维修成本。这就要求我们在图书馆的建设上要有远见。

4.1.2 图书馆建筑造型设计

建筑物自身就是一种特殊的建筑语言，它既是一种建筑，又体现了设计者自身的艺术精神，蕴含着特殊的文化内涵。图书馆是一种城市文化类建筑，图书馆建筑本身能够对读者产生一种精神上的影响。但是，在当今的数字时代，怎样设计出一种既有灵活的外形，又有趣味的内部空间，并能给读者留下深刻的印象，是当前设计师所追求的设计方向。

纵观古今，人们都将书籍视为获得知识、传递知识的"圣物"，将存储书籍的建筑视为"圣殿"，从古代的藏书楼到当代的图书馆，在数千年的时间里，无论图书馆的本质和作用如何改变，都不会改变我们对图书馆的认知，即它是一个具有代表性的、标志性的文化建筑物。

在图书馆建筑造型设计中，应坚持以实用性为第一要务，遵循实用性的原则，借此来表达对读者的人文关怀，以满足人们的实用需求为出发点。从整体上看，图书馆的造型设计应能充分表现出设计的美感；人类对美好的东西的鉴赏，不是以理性的思维方式，也不是以逻辑性的思维方式来进行的，而是以一种最初的感受来进行的，即对事物的第一感觉——美感。图书馆的建筑造型设计，需要保证读者在进入图书馆的刹那可以感受到其中蕴含的美感，让他们有一种愉快的美感直觉，可以依此展开足够的想象力，从而使得他们的阅读欲望被激发，可以真正感受到自己已经步入了一座知识的殿堂，从而引起他们的阅读兴趣。与此同时，图书馆是一种具有文化导向作用的社会文化建筑，在设计中，它不仅要表现出普通建筑所具有的审美价值，还要借助于它独特的文化氛围和文化气息，帮助和引导读者在书籍的海洋中获得想要的知识，实现知识的创造。

应该指出，图书馆作为一座城市的学术交流中心，在图书馆的造型上还应表现出严谨的一面，太过于商业化的造型是不可取的，要正确地处理好美学与功能这两者之间的关系，不能一味地追求造型，比如，有些图书馆在建筑造型上，一味地追求独特，导致在图书馆中庭位置，出现了过多的没有实用价值的共享空间，并且在屋顶采用了玻璃顶棚，这样的设计会对图书保管、夏季降温等方面产生不利的影响，所以，在设计图书馆造型的时候需要满足基本的功能需要。

建筑物自身的外形必须与周边建筑物协调一致，但又不失个性。在对图书馆进行造型设计时，要充分考虑到周围的地形、气候、地貌等自然因素和经济、政治、民族、文化等人文环境因素。在进行图书馆造型设计的时候应该适当利用当地的气候、地形等要素，借助这些独特的要素创造出独特的图书馆建筑造型。

4.1.3 图书馆室内空间设计

图书馆的空间布局可划分为两种类型。一是弹性空间，图书馆内部的可支配空间以及目的空间，是一种与图书馆的用途相适应的空间，主要特征是非常活跃、可变性、短暂的变化周期，例如：工作空间、藏阅空间、会议学术交流空间、特殊用房空间等。对空间单元进行重组可以根据以下情况进行调整和改变：占有空间的使用者、决策者出现变更；不同类型使用者的需求变化；新技术的应用所产生的管理方式的变化。二是非弹性空间，别称不可支配空间，主要指的是如交通空间、结构空间、管线管道、卫生间、设备空间、储藏间等非因图书馆使用目的的其他空间，这一部分通常不会大于总建筑面积的 25%，具有各个单元功能单一、相对稳定的特点。需要将非弹性空间科学、合理地进行规划，融入弹性空间之中，才能支持和保证弹性空间的良好运转。

在传统的图书馆中，由于没有弹性的、灵活的分离式开间，造成读者无法获得更好的阅读体验。一般来说，现代图书馆的设计致力于打造开放式的图书馆，它注重不同的空间之间的相互组合和穿插，实现一个集藏、借、阅、管于一体的大开间。在图书馆建设中，对于各个区域之间的开间尺寸要把握得恰到好处，要以功能为基础进行规划，如果开间太大，不仅会对室内的自然光线、空气流通产生不利的影响，还会给管理带来很大的不便。立足于图书馆的工作实践，一些专业工作如编目、典藏、研究等，仍然要求使用较小的空间。因此，在图书馆的各个空间设计中，需要合理地把握好"大"与"小"之间的关系，在给读者提供便利的同时，还要为读者和工作人员创造一些私人的空间，体现出对读者和工作人员的人性化关怀。

4.1.3.1 图书馆的功能分区

现代图书馆功能随着社会的进步和科学技术的发展，呈现出综合性、多层次、灵活性的功能特点。根据其主要的功能，大致可划分为：入口区、阅览区、信息服务区、公共服务区、藏书区、办公区、技术设备区。现代图书馆建筑作为功能繁多的公共教育场所，它的各个部分之间紧密联系，在进行功能分区时，要将不同使用对象、不同动作内容的各房间组织起来，达到藏阅借和管理彼此均方便的目的。现代图书馆的功能关系首先要做到对外读者活动区与对内办公区区分开，其次阅览区与公共活动区区分开，不同类型的阅览区要区分开，见图4-1。

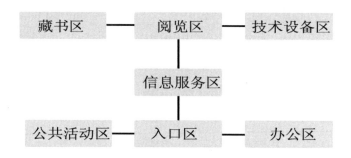

图 4-1 现代图书馆功能关系图

4.1.3.2 图书馆的功能性设施

图书馆作为公共建筑，应该面向不同阶层的人群进行开放，因此应该在馆内增加一些功能性的设施，如，设置专门的残疾人电梯。在《图书馆建筑设计规范》中明确规定，在建筑设计中应该有无障碍设计，并且该设计应该与现行的行业标准《方便残疾人使用的城市道路和建筑物设计规范》的有关规定相吻合，也就是说应该在图书馆中为残疾人等特殊的群体读者提供最大程度的便利。为残疾人读者提供图书馆的便利服务，充分体现了民主、平等、自由的精神，在图书馆中可以设置盲道、轮椅坡道、残疾人专用卫生间等。要使每一位读者都能得到公正的、公平的对待，就需要在图书馆中进行无障碍的设计。

比如，在藏阅空间附近，可以利用多余的空间，放置复印机、饮水机等，这样设计的前提是不会对图书的借阅造成影响。此外，在图书馆建筑空间的通道中，还可以设置一些舒适的沙发和座椅，前提是不会对行人造成干扰，这样，就可以让那些想要休息的人，在不离开图书馆的前提下，进行短暂的休息。

4.1.3.3 图书馆建筑的布局形式

现代图书馆设计不仅要适应图书馆事业发展的需要，也要能满足新设备、新工艺的要求。因此在建筑平面和空间布局等方面就必须探索和创造新型的、具有灵活性的建筑布局方式，以提高工作效率、节约时间。

在建筑空间上采用开放式的和跨度较大的空间，室内尽量少设或不设固定的结构墙体，可用隔音板板墙或书架等间隔空间，这种布局方式使空间紧凑、分隔灵活并能节约能源。在设计图书馆建筑时，对大开间要减少过多过密的柱子，以增强室内空间使用的灵活性；要注意考虑解决采光和通风问题，对于空间较大的集中块状体型会存在平面中部光线不足，可采用以自然光和自然通风为主，辅以人工照明和空调通风的方法。一般通过开设屋顶天窗、中部放置书架、四周摆放书桌、内设天井等方法来解决自然采光与通风问题。

4.1.3.4 图书馆室内空间的色彩设计

在现实生活中，色彩不仅点缀和丰富着我们周围的生活环境，也对我们工作、学习产生影响。不仅可以使一个空间产生冷暖、轻重、远近的物理变化，更能使人产生极强的心理感受和一定的视觉联想。

在色彩设计上，图书馆应该强调整体上的协调。对于读者来说，身处色彩杂乱、缺乏美感的空间中，会产生消极的情绪，因此，在图书馆的设计上应该区别主体色彩与装饰色彩，在图书馆的色彩搭配上应该追求协调与和谐，还要注重对比。例如，在图书馆的同一个楼层或者区域，如果要使用两种以上的颜色，那么就应该使用同色搭配，这样才可以形成一种统一的、协调的、和谐的美学效果。同时在进行图书馆色彩设计的时候应该保证一个区域和楼层的和谐，只有这样才能实现图书馆内部的整体空间协调。

1. 公共活动部分的色彩设计

如果说在图书馆中阅览部分是一个比较私密的部分，那公众活动部分相对来说就是开放的。鉴于此，在图书馆室内空间环境色彩设计的时候追求亲切和开朗。举例说明，图书馆的入口是门厅，是读者对图书馆形成第一印象之处，因此，适宜的门厅色彩可以让读者加深对图书馆的印象，进而提升图书馆的业务量。门厅在色彩设计上应该庄重并且亲切，让读者感受到图书馆所具有的文化氛围以及自然情趣。门厅在色调上应该淡雅，具有倾向性，以此带给读者积极向上的感觉，有吸引人的作用，一般来所可以使用浅米黄色、浅绿色、浅灰色等。

2. 阅览部门的色彩设计

图书馆的阅览室应该保持安静和明亮，为读者营造利于阅读的氛围，保证读者可以专心阅览，基于此，应该保证阅览室的内部色彩采用较为协调和柔和的冷色调或者中性色调，比如绿、灰、乳白色等，避免使用暖色调，因为暖色调易引起人兴奋。阅览室在色彩选择上应该是明亮的，不能太暗，也不能太亮。如果怕阅览室太过于单调可以使用局部调色的方式，保持整体上的协调统一，让阅览室的色彩具有一定的层次。不管是图书馆的墙面还是家具，都应该对高度的反光情况进行避免，因此，图书馆的墙面和家具可以使用没有光泽的饰面，保证读者的阅读。对于阅读时的室内空间环境的设计也应大方、雅洁，不能过于奢华和烦琐。

在实际运用中，要视具体情况选用相应的色调。比如，在儿童阅览室的内部，色彩应该是活泼的、丰富的，要富有趣味性，大面积的色彩应该是可以呈现出温暖和明快的氛围，在部分区域还可以选用明亮的纯色，比如，在一些地面可以做花饰，使用几何图案，以此来与儿童的心理需求相适应。在视听阅览室为了保证读者可以集中精力进行阅读，可以选择较为灰暗的颜色，并且大面积的使用，让地面、墙面、天花板形成背景色。阅览室色彩调配具体如表4-1所示：

表4-1 阅览室色彩调配表

空间	性格	地面色彩	墙面色彩	天花色彩	纯度	亮度
普通阅览	宁静、自然	灰绿、蓝灰、蓝紫、粉红、木本色	乳白、淡黄、淡绿、浅咖啡色	珠白、米黄、淡绿	低	明亮
缩微阅览 电子阅览 试听阅览	幽静	蓝灰、粉红、灰绿、赭石、木本色	灰绿、灰褐、淡黄、木本色、淡咖啡色	米黄、蓝灰、灰褐、黄褐	低	幽暗
儿童阅览	活泼、有趣	草绿、天蓝、木本色、粉色	淡绿、淡黄、淡粉、淡蓝	乳白色、淡绿、淡蓝	高	明亮

图书馆作为读者看书、学习的公共场所，在进行色彩设计时，不仅要考虑色彩的装饰效果，也要充分考虑色彩对读者产生的心理效应，应密切结合不同性质和不同功能图书馆的特点，利用色彩给人们带来生理和心理上的感受，利用色彩的调节功能，为读者营造出一种高雅、宁静、舒适、怡人的阅读环境。总体而言，图书馆的室内的色彩设计应该遵守以下几个方面的基本原则：

第一，在进行色彩设计时要考虑图书馆的整体效果，室内色调整体上应该显示图书馆的现代风格和艺术魅力，以提高一定的文化品位。

第二，图书馆最主要的功能就是学习研究，色调应渲染这种学习气氛，选择的配色以协调为主，对比为辅。尽量采用同色系搭配，突出统一、和谐的审美效果。

第三，配色应该立足于图书馆的性质和定位，不同类型的图书馆应该运用不同的配色方法进行装饰。也要考虑使用者的年龄、性别、特殊爱好、民族习惯等方面。

第四，根据图书馆各空间的不同功能要求设计室内色彩。主色调应该根据各个空间的特定功能来确定，之后选取恰当的重点色与主色调进行协调搭配。

4.1.3.4 图书馆室内空间的照明设计

现代图书馆主要是查阅、阅览各种藏书的场所，合适的采光照明能够创造舒适的室内环境，是图书馆室内环境的重要因素之一。良好的照明质量不仅能够有效地提高阅读效率，保护视力，同时有利于节约能源，符合可持续发展的原则。图书馆的照明设计要从光照的颜色、方向、照度的变化、亮度分布等多方面来衡量，以保证工作效率和厅室内部美化。

良好的光环境可通过天然采光和人工照明来创造。

自然光具有照度大、光质好等特点，是最经济最重要的光源。合理利用自然光是图书馆建筑设计中一个重要问题。天然采光主要通过墙壁开窗和顶棚开窗接受户外光线，具体分为单侧采光、双侧采光、顶部采光、混合采光。应根据房间大小慎重考虑开窗的面积和形式，此外天然采光的房间常利用遮光格片、遮阳百叶、空心玻璃砖、增加窗帘等遮阳措施，防止日光直射产生强烈的眩光和由各种白色光源中紫外线的辐射对书刊资料的损伤。

图书馆中常采用的电光源有白炽灯和荧光灯。为了使光线分布均匀，可采用吸顶式或嵌入式，形成光的漫射。为保证足够的照度，会用台灯做辅助照明，以产生良好的光照效果。

但由于自然光易受气候、季节等因素影响而变化，无法满足良好光环境的要求，人工照明会消耗很多的能源，还会间接导致对环境的污染，对环境的可持续发展很不利。所以，当前，我国图书馆的藏书空间的采光基本是以自然光照为主，以人工照明为辅，这样既可以节约能源资源，又与人们回归自然、践行低碳生活的阅读方式相吻合。人工照明的作用，就是为了在白天的时候，解决图书馆内光线不充足的情况，并且还具有夜间照明的作用。

总体上，图书馆使用的荧光灯是经济和实惠的节能灯管。为了让光线均匀分布，可以采用吸顶式或嵌入式的方式，这样可以让光进行扩散，并可以适当地提高局部照明，从而可以产生非常良好的光照效果。但是，实际上，阅览室的顶棚灯具所发出的光线并非可以全部照在桌面上，灯光有一部分会发射到天棚和墙面，在被吸收掉一部分之后才能反射到桌面上。这就导致照明的利用率下降。鉴于此，在对明度高的室内装修材料进行选用的时候应尽可能地减少对光线的吸收，增加对光线的反射。

此外，还可以采取高低相结合的方式——顶棚灯和桌面台灯的结合，从而让桌子得到充足的照明，这是一种在不影响明视条件的情况下，合理节能的好办法。因为读者的阅读时间较长，所以很可能会产生视觉疲劳。因此，图书馆内的灯光要尽量柔和，强光越少越好，尽可能减少眩光。所谓的眩光，指的是可以让人产生炫目的不均匀的光线，眩光会干扰到视网膜的适应过程，引起视觉疲劳。所以，在阅读室内要避开太阳光直接照射，并注意阅读台面的反射光。

尽管藏阅空间是一种弹性的空间，但是在三维的空间要素中，其层高不能发生变化，弹性空间的变化仅局限于平面尺寸的变化。所以，要营造柔性的藏阅空间，应该充分利用好室内的装修，设计适宜的通风环境与光环境。当前，很多图书馆会利用高科技手段来对自然的光线进行调控以满足光照需求，其中美国的亚利桑那凤凰城中央图书馆是典型代表。设计师利用帆形织物以一定的角度将其在阅览室的采光玻璃表面进行安置，对光的反射进行控制，使得室内自然光线变化，为图书馆注入鲜活的生命力和活力。这样的设计一方面可以使图书馆内的阳光非常的柔和，另一方面读者在观看室外景物的时候也不会出现炫目的情况，可以清晰看到室外的景物。对自然光线的使用可以减少人工照明，一方面减少了资源的浪费，另一方面使来到馆内的读者有一种放松的感觉。

4.2.1.5 图书馆室内空间的陈设艺术设计

图书馆作为一种公共建筑，在图书馆的室内空间环境中融入陈设艺术品，主要目的在于让图书馆具备独有的文化气息，实现艺术与空间的有效衔接与融合。图书馆可以借助于艺术品独有的魅力来吸引人们进入和停留，多去欣赏美术作品，让艺术品与人产生沟通、互动，在这个过程中达到潜移默化的效果。在图书馆内陈设艺术品，一方面可以引导人们对艺术进行关注和了解，引导人们通过不同的观摩方式以及思维来了解艺术，关怀艺术，让生活与艺术融为一体，促使人们的生活更加有意义有内涵，不断丰富人们的知识。

作为一种高尚、有文化、有学问的空间，图书馆所有的陈设和设备都应与这个特点相符合。家具是图书馆中一种非常重要的组成部分，家具是否配套会直接影响图书馆的使用效果和整体的格调、风格。对于图书馆来说，一件适宜的家具可以让读者在进入到图书馆的第一时间就感受到宁静、舒适、优雅、赏心悦目，这对激发人们阅读的兴趣、调动阅读情感有很大帮助。如果这些家具的造型不够新颖，色调非常生硬、不协调，有着繁杂的装饰线条，就会让读者产生压抑的感觉。

在设计与布局上，家具既要符合图书馆空间的功能与特点，又要从材料、尺寸、色彩、造型等方面进行合理的选择，满足图书馆空间的一些特殊要求。第一，由于图书馆是一种公共建筑，有着非常大的人流量，这就会导致图书馆的公共设施的损耗非常大，基于此，图书馆在对家具的选材以及工艺制作上有着牢固性和耐用性的要求。第二，图书馆的文献载体在形式和规格上多种多样，如报纸、期刊、光盘等，需要根据不同形式和不同种类的资料设计满足不同的收藏方式的家具。第三，由于图书馆常根据读者的要求或功能需要对布局进行调整，因此需要家具尽可能具有统一的标准和规格，以利于灵活布置。第四，图书馆家具的选择要依据不同使用者的特点结合人体工程学来专门设计。

4.2.1.6 图书馆室内空间的标识效应

在现代图书馆的管理过程中，标志系统起着很重要的作用，它是疏导人流和帮助读者识别空间的核心。随着现代图书馆的发展，其服务内容和项目日益丰富，而管理者的人数日益下降，使得读者的自主活动的空间变大，自主活动的范围得到了进一步的扩展。利用清晰、易于理解的标志系统，使读者能够快速、准确、快捷地找到自己想要去的地方。而且，这个标志系统还清楚地告诉了读者哪些区域是不可以进入的，在空间中应该遵守的规矩，使馆员与读者、读者与读者以及读者与图书馆的环境相协调，彼此之间不会受到影响。如果一套完善和优秀的标识系统可以与整个图书馆的建筑相匹配，那么就可以将整个图书馆的品牌形象以及档次体现出来。

在现代公众形象专业中，将图书馆的标识系统划分为以下几个方面：一是宣传规范性标识，主要是宣传图书馆内的义务活动，包含服务内容、学术动态等，比如馆内的读者告示栏、读者须知等；二是警示预见性标识，主要是标识用于规范以及提示读者在馆内应该禁止的行为、防范的行为、注意的行为，比如，禁止吸烟、请勿靠近、消防等提示性的内容；三是无障碍标识，主要指的是为图书馆中一些具有残疾的读者以及具有生理缺陷的读者所提供的标识，是现代社会以人为本的本质在图书馆管理中的体现，比如，盲文标识、踏步信号、轮椅标识等；四是导向性标识，其主要的作用就是引导读者的活动路线，对图书馆的各种功能进行标注，对各种目标的位置、方向进行明确，明确行走的路线，比如，馆内结构分布图、区域平面示意图以及卫生间、休闲处等标识。

4.2 博物馆

博物馆是一个为社会及其发展服务的、向公众开放的非营利性常设机构，为教育、研究、欣赏的目的征集、保护、研究、传播并展出人类及人类环境。博物馆作为一个具有多重职能的复合体，以服务社会为宗旨，具有征集、研究、保护、传播、展览的职能，是一个时代、地区、国家的物质、精神的储存。博物馆的类型可以分为以下几类：历史、军事、自然、科技、艺术等。

4.2.1 博物馆的功能与分类

博物馆是一种有着特定的目的和运作的方式的非营利性的社会组织，博物馆的基本功能有四个，分别是收藏保存、教育传播、休闲娱乐、科学研究。

4.2.1.1 收藏保存

博物馆最初的职能是对文物、资料进行收集、保存，博物馆是在人们对收藏意识的不断加深中，由私人收藏发展而来，其中所收藏的大部分是具有观赏、欣赏价值和经济价值的珍品、艺术品。当代博物馆所收集的藏品的种类越来越多，其中既有可以移动的也有不可以移动的，既有有形的也有无形的文化遗产。

4.2.1.2 教育传播

博物馆是一个非营利机构，博物馆所拥有的是全人类最丰富的实物资料，因此，传递实物中的种种信息，就成了博物馆最重要的功能。当前，在终身教育的理念影响下，博物馆成为一个有着重要社会地位的社会教育机构，将博物馆与学校教育相结合，可以让博物馆成为人们终身教育和学习的课堂，人们可以在博物馆中学习相关的知识，实现对文化的传播，这是当前博物馆职能发挥的重要体现。

4.2.1.3 休闲娱乐

在西方，利用假期到博物馆参观的人已经逐渐增多。此外，博物馆的发展也和当地的观光产业相辅相成，以法国的蓬皮杜艺术中心为例，每年都有大量的国内外旅客来此参观，为法国的观光旅游产业注入新的活力。

4.2.1.4. 科学研究

博物馆中的历史物品，承载着丰富的信息和知识，是人们开展科研工作的重点。博物馆开展科研的最大优势就是拥有第一手的资料，博物馆对于文物的妥善保存体现了博物馆在科研中有着重要的地位和作用。

在博物馆学界，对博物馆的分类还没有一个固定的标准，因为博物馆的种类很多，所以它的分类也呈现多样化的趋势，最主要的划分依据是博物馆的活动功能、馆藏藏品、使用性质、建设的目的、建馆规模等。现在较为普遍的博物馆分类是博物馆的藏品为重点，将其划分为五个基本类别。

表 4-2　博物馆的分类

历史博物馆类	收藏和展示国家历史事件、社会历史、经济文化、历史人物、考古文物、名人故居和军事史等博物馆。遗址类博物馆也属于此范畴。例如西汉南越王墓博物馆
科技博物馆类	展示大自然科学文化知识，内容包括植物学、动物学、天文地理、自然科学、矿产等。目的在于增进民众对科学的理解和认知。例如北京科技博物馆
综合博物馆类	同时具有社会科学和自然科学的双重属性博物馆，经常在同一个博物馆里会展示不同的藏品，种类多样。例如国家博物馆
艺术博物馆类	收藏展示绘画、雕刻、手工艺术、装饰艺术和工业艺术等，这些艺术品常常反映了一个时期的艺术成就，通过艺术品的展示和教育功能，提高公众的审美能力。例如法国蓬皮杜艺术中心
专项博物馆类	展示某一特殊文化领域，例如儿童博物馆

4.2.2 博物馆的特性

4.2.2.1 博物馆的文化性

博物馆可以说是社会的缩影。因为它的收藏功能，所以从文化研究的视角来看，它的目的是着重对社会中的物质材料进行积累、分类和展示，从侧面反映了一个社会内部的价值观和思想理念，表现为一种社会文化。在过去，大型的博物馆由政府进行专门运营。但是，当前随着社会的不断发展和进步，出现了很多的地方博物馆以及私人博物馆，这就使得博物馆具有了很多其他的形象和职能，也从侧面反映了当前博物馆百花齐放的社会现象。

4.2.2.2 博物馆的地域性

中华人民共和国成立以来，博物馆事业因为文化发展与传播的需要，得到了社会各界的重视。在社会中，除了一些大型的国家博物馆建造之外，很多的地方也开始修建属于自己的博物馆，成为展示地方文化、保护文化及收藏珍品的重要地点，这使得博物馆呈现出地域性特点。

4.2.2.3 博物馆的技术性

博物馆一方面可以代表着一个地方的文化特色，另一方面还能体现地方的经济和技术实力，已经成为一个地方的象征性建筑、标志。鉴于此，博物馆的建设常常是地方政府的重点工程项目，不管是选址选材还是造型的设计、结构利用、技术处理等都得到了各方的重视，并且获得了大量的支持。当前的各种新兴技术以及理念都可以在博物馆建筑中得到体现和运用，比如：概念造型、新型材料、特殊结构等。博物馆的英文名称为 Museum，博物馆的建造蕴含着材料学、结构学、美学、心理学等众多学科的最新、最前沿的研究成果，有着非常强的技术性。

4.2.2.4 博物馆的公众性

博物馆是一个公益教育性建筑，主要为公众提供文化服务。对于当前的博物馆来说，如果认为其的建造是为了振兴文化，表现对艺术的尊重，倒不如说博物馆的建造主要目的是为了让人们可以用审视和开放的思想对艺术进行欣赏，在这个过程中学习文化，方便人们的交流与沟通，因此，在博物馆建设中应该有非常多的公共空间和公共设施。

4.2.3 博物馆的认同感

在博物馆认同感的建构中，不管是博物馆的建筑还是博物馆内部的空间设计，这些都会对认同感的建构起到重要的影响。而这些构成了博物馆认同感的要素，并非是偶然的，而是需要借助设计来营造博物馆认同感。这里所说的设计包含博物馆的各个方面，不管是大的建筑设计，还是小的博物馆内部的局部空间设计都包含在内。营造对博物馆的认同感有着不同层次的意义。从整体上的布局，到室内的陈列空间、展示空间、展览空间等，博物馆应有尽有。博物馆认同的构建，在各个层面上都有其深刻的含义。

博物馆建筑不仅要获得其所面向的对象的认可，还要获得其所在场所的认可。约翰奥姆斯比西蒙兹说过："一座伟大的建筑不仅仅能实现和展示它的目的，还能重新定义理想。"建立一座建筑，应该将完成自身的使命当作第一要务，一座可以流芳百世的建筑是历史进程的里程碑。应该让这样的人尽可能清晰地找到自己的立足点，还能让不属于这里的人可以在此找到共鸣。可以说，认同感最初是从自然界的颜色、气味、光线、声音中产生的，当人们接触到这些最原始的感受之后，就会开始赋予它们各种各样的个人感受。就我们今天要重点探讨的博物馆而言，它的建筑建造更应偏重于它的场所和它所要保护的对象。在场所与对象需要得到满足后，契合参观者与展品的空间就具备了现实认同感的前提条件。建筑物是为了人类而建造的，是公共建筑。作为一个容纳了世界人类文明的地方，博物馆能够对人们的文化行为和情感进行引导，博物馆的空间氛围更关注人的心理体验。因此，这里的空间营造需要更加诚挚地对待它所传达的精神。人与博物馆原本就是相辅相成的关系，一座博物馆要准确地将其自身的含义传达给参观者，让参观者了解含义，并且可以在其中获得一些文化认同以及精神指导。与一般的公共建筑不同，博物馆是一座精神的殿堂，它的诞生就蕴含着人们的好奇心，也蕴含着人们的向往和追求，参观者通过了解以往自己不了解的事物，对过去有一个清晰的认识，这不仅仅是通过阅读这一途径，更是透过实实在在的物体来明晰之前所发生的一切。博物馆空间的目的是接近现实、接近生活。每个博物馆都是独一无二的，无法被复制。应该指出，博物馆的认同感具有两面性，一方面，博物馆的服务对象需要对建筑表现出认同感；另一方面，博物馆也需要被其所处的整体环境所认可。

4.2.4 博物馆外立面艺术

4.2.4.1 博物馆建筑的比例与尺度

博物馆因为其公共属性，常常是一座城市的地标，因而在视觉上多数都需要宏伟、高大，才能获得震撼人心的效果。不过，建造一个大型的建筑物，并不是单纯地将一个小型建筑物进行"放大"。对于尺寸的处理，直接影响着人们对于博物馆的建筑印象。建造一座博物馆，有时候就像是艺术家在画一个人物，画一个大人，并非是将孩子的比例尺寸放大即可，因为不管放大多少，在整体上看依旧是孩子的样子。在建筑艺术中，针对尺度的问题，应该根据每一座建筑的个案进行具体的分析，"美有赖于比例，与建筑物大小无关。只要保证按比例建造，建筑物可以为所欲为地扩建，而不必担心失掉了美感，更不必担心抹杀了建筑的本质。"在尺度和比例上来看，博物馆建筑应该给人呈现出平和、大气的形象，对于博物馆建筑尺寸的选择是非常重要的一环。

4.2.4.2 博物馆建筑的节奏与均衡

建筑的比例也会出现为节奏比例和韵律比例，这是非常常见的现象。与其他建筑相同，博物馆的建筑需要从整体上达到一种安定感和均衡感。要想取得均衡最简单的方法就是对称，因此，在实际中，以中轴线左右对称的建筑非常常见。要想实现构图的均衡，只使用对称也是不行的，非常容易出现僵硬死板的效果，没有艺术的美感。此时，可以采取形式上的平衡，比如一边高起一边平铺；一边用一个大体积一边用几个小体积等，这往往会呈现出出乎意料的艺术效果。

4.2.5 博物馆室内环境设计

室内空间环境是博物馆室内设计中的博物馆最为重要的组成部分，当一个博物馆实体确定下来后，设计师充分考虑展示室内空间、展品、人之间的相互关系，对其展示空间的布局、展品的摆放、展品与辅助设备的空间环境进行设计，对室内的展示空间、心理空间、视觉空间做全面考量，使受众在流畅的、舒适的空间内欣赏展品，构建一个好的室内空间环境。

4.2.5.1 博物馆室内空间布局与功能分区

博物馆作为物品的陈列、展览空间，目的在于和观众的沟通。我们通过有意义的陈列序列、合理的功能分区来达到博物馆的启示、告知或者是娱乐的展示目的。一个好的空间布局形式能够加深观众的参观体验，增加参观的趣味，营造场所氛围。在博物馆室内空间设计过程中，有多种布局的方式，比如有的布局可以突出主体，是一种聚焦型的布局；有的布局一目了然，比较敞亮，等等。按照不同空间的功能，这些空间可以被分为核心空间、交通空间、展示空间等多种类型。下面，对这些不同功能的空间进行简要分析。

1. 核心空间

在博物馆空间内，核心空间主要联系各个门厅，它在博物馆参观线路中属于前面的部分，被称为"序厅"。核心空间的主要功能就是为博物馆提供交通枢纽的作用，引导着观众在各个陈列室之间穿行，畅通无阻。核心空间还可以向观众展示整个博物馆的主题，也可以举行博物馆的集会及社交活动。

2. 交通空间

博物馆内部的交通空间起着组织参观人流、引导观众参观的作用，包括通道、楼梯、电梯、自动扶梯、坡道等。博物馆建筑的通道作为主要的交通空间，通常以直线、曲线、折线等多种线性通道组合的形式出现。通道通过加宽、变窄等变化，改变线性空间的单调，并将观众引进展厅。通道一般分为主通道和辅助通道，一般主通道不能小于 2 米，以保证三人并肩而行不会发生碰撞，辅助通道一般为 1 米。同时，展示区的展品演示区、参观者交流活动的规模、人流量也是设计通道时要考虑的因素。

3. 展示空间

展示空间是博物馆最主要的功能空间，展示区在博物馆中所占的面积一般最大。在博物馆之中，展示空间主要向观众展示博物馆内的展品，在设计展示空间时，既要考虑展览物品相关问题，又要考虑参观观众的相关问题，要为展品提供陈列空间，使展品有足够的空间，同时还要留出足够的休息区以及通道，来方便参观观众，其大小需要依据展示的主题和观众的数量多少作出决定。

此外，展示空间主要作用是烘托展品，设计时，过于强烈的空间形象会喧宾夺主，破坏陈列主题的展出效果。因此展示空间一般与展品特点及灯光、色彩配合，以中性空间和功能空间为主。展示空间布局时也要与交通流线设计配合，根据展示内容、性质的要求，进行划分，构建合理的空间布局。观众可以根据需要参观展览的全部或局部空间，参观的交通流线要流畅、合理，防止参观者过于集中而造成阻塞。

4. 服务空间

博物馆的服务空间包括问询处、小件寄存处、纪念品销售厅等。服务空间在博物馆整个空间序列中起着辅助作用。一般服务空间设计比较简洁，需要满足多种服务功能，可结合观众休息、娱乐的心理需求综合进行设计，防止单调乏味，避免千篇一律。

5. 公共空间

公共空间一般包括信息交流区和查询区、休息区等。值得注意的是，这种如有观众参与的空间，设计时需要考虑参观者停留有可能形成人群滞留，必须做到：第一，合理利用各展区之间的过渡空间；第二，一定要保证安全，观众到博物馆来参观展品，设计时要保证观众的安全，加强防火措施，保证通道畅通无阻，避免观众过于拥挤；第三，要以人为本，采取人性化设计，比如为残疾人群增加无障碍设计等。博物馆的休息空间要选在参观路线的适当位置，让疲劳的观众得到休息。在独立的休息空间内，可以加入阳光、绿化、水景等，为观众提供轻松舒适的环境。

4.2.5.2 陈列空间设计

在博物馆内，陈列空间主要就是指博物馆的展品展示场所，观众们进入博物馆之后，在陈列空间内观赏这些展品。以上就是陈列空间的两个功能，在对陈列空间进行设计时，必须要考虑两方面的特点，一方面要与展品的特点相结合，展现出展品的艺术价值；另一方面，陈列空间必须是一个良好的符合观众需求的观赏环境。在博物馆中，陈列是衡量博物馆质量的重要标准，它也是博物馆的重要职能之一，向人们展示着展品的艺术价值与历史价值，同时，也方便研究者对其进行研究。在 2004 年全国文物工作会议上，有关领导对陈列工作提出了"要在展示艺术和表现手法上寻求新的探索和突破，注重高新技术和材料的合理运用，实现思想性与艺术性、科学性与观赏性、教育性与趣味性的完美结合"的要求。对于博物馆来说，这是目前陈列设计工作中的一个重要的发展方向，也是它们需要达到的目标。随着时间的推移，社会的发展，现在博物馆的理念也在逐渐发生着转变，传统的博物馆遵循的是"以物为本"，着重于博物馆中的展品，而现在的博物馆遵循的是"以人为本"，着重于博物馆中来观赏的观众，这是一种十分重要的转变。在传统的博物馆中，工作的核心是藏品，现在的博物馆，中心是观众。如何面向观众，面向社会，面向市场，向观众讲述博物馆中展品的故事，服务于社会，赢得市场，这是目前博物馆改革发展过程中需要着重注意的问题。

陈列空间没有严格的空间尺寸、模数与形状，在陈列空间中，依据"形"进行分类，可以将博物馆的室内空间分为两大类，分别是实体的形和空间的形。在对博物馆的陈列空间进行设计的过程中，需要考虑到多个因素，比如建筑的实体空间、建筑的虚拟空间、参观者的数量、展览品的数量与体积、辅助设备的数量与体积，等等。通过关注这些因素，借助科技手段以及各种材料，可以构建出各个不同功能的空间，这些不同功能的空间展现出不同的形态，如平直空间、圆形空间、曲折空间，等等，通过灯光塑造成亮空间、暗空间及介于二者之间的中性空间等不同亮度的空间，满足展示藏品和与观众互动的双重功能，使参观者既能欣赏到博物馆丰富多彩的藏品，又有轻松、愉悦的感官体验。

博物馆的陈列空间设计既不能成像酒店那样追求奢华、舒适，又不能像商场那样浮夸、气派，追求艺术装饰；它既不同于学校建筑要兼顾活泼与秩序，也不同于医疗空间那样亲切与洁净。博物馆的设计需要含蓄而又鲜明的设计风格，但不能太过绚丽，造成喧宾夺主、干扰展览的局面。

博物馆的陈列空间设计可以遵循以下原则：

1. 以人为本的原则

在博物馆的建筑空间设计过程中，所谓以人为本，就是要以观众作为中心，考虑到观众的具体需求，为观众服务。观众来到博物馆参观各种展品，可以学习到一些知识，对展品进行研究，还可以与其他人进行交流。因此，在设计博物馆的空间时，要尽可能让人们体会到一种美的、舒适的感受，使观众、展品、环境三者共存，和谐相处，既要考虑人的生态尺度，还要考虑人的心理感受，从空间、材质、照明、色彩等多个方面来对其进行设计。

2. 艺术性原则

在对博物馆的建筑空间进行设计时，还要遵循艺术性原则。博物馆中的展览品都是艺术品，博物馆的建筑空间也要具有艺术性，要将展品与建筑空间有机地结合在一起，向观众展现这些艺术品的美与价值，让观众得到良好的体验。根据艺术性原则，对博物馆空间进行设计时，要注意主题内容与室内空间的设计相互统一。博物馆室内空间设计要充分体现展品的文化内涵，并能将其传递给参观者，因此设计在创造艺术氛围的情况下，整个空间所产生的氛围应与展品内容相吻合，有效地将知识、信息传达给受众，以此体现博物馆空间的艺术性。

3. 整体性原则

在博物馆室内空间设计过程中还要遵循整体性原则，要保持设计思路与设计风格的整体性。首先要依据设计思路，对博物馆室内空间进行整体的塑造，然后再对博物馆室内空间进行局部设计，要让博物馆整体的空间展现出一种多样性特征。

博物馆根据不同的用途进行不同的空间设计。序厅是体现陈列主题的前奏，通过序厅可以创造意境、烘托主题、感染观众情绪，是首先启发人们认识展示主题并能给人留下深刻印象的空间，它也是艺术性与思想性高度融合，具有振动观众心灵的作用，因此在空间体现主题的情况下，就需要多空一些场地，给人留下无穷的想象。展厅是博物馆展示空间设计的主要部分，是一个引人入胜、有变化、有明确导向的空间，在空间设计中，展厅的空间氛围应与该主题相统一，并延续序厅的设计风格，展品、辅助设备等展示内容与人、光等均要合理布局、层次清楚、主次有序，达到最佳的组合效果。

4.2.5.3 公共空间设计

博物馆内所有的空间可以被整体地分为两大部分，这两大部分就是陈列空间和公共空间。所谓公共空间，就是指除陈列空间以外的所有公众都可以到达的空间，比如休息区、卫生间、门厅、大厅等。在博物馆空间设计过程中，与陈列空间相比，公共空间的设计自由度更高，受到的制约也更小。因此，在博物馆空间设计中，公共空间的设计成为博物馆建筑艺术表现的灵魂，十分重要。

观众进入博物馆要经过很多个不同类型的空间，比如门厅、大厅、通道、展厅等，在这个过程中，陈列空间是主要部分，但是它主要是通过公共空间组织与联系起来的。博物馆是群体空间的有机组合，而群体空间主要是由公共空间组成的。在博物馆空间内，其空间序列的开始、递进、高潮、结束都要由公共空间的组织发挥作用。为了使空间序列能够发生节奏、层次等方面的变化，博物馆内的公共空间必须要具有不同的尺度，不同的形态以及不同的功能。

按照空间类型来分，公共空间也可以被细分为几类不同的空间，如服务空间、交通空间、核心空间、入口空间等，这些空间都各自发挥着不同的功能。

在建筑空间内，不同的细部设计能够给人不同的感受。比如，在低矮的空间内，当看到一些多姿多彩的装饰时，人们往往可以感觉到一种亲切感。在高大、明亮的空间内，人们往往可以感觉到一种舒畅的感觉等。因此，在设计建筑空间时，可以给不同的空间设置不同的层高或标高，利用电梯、楼梯等作为交通设施来在各个不同的建筑空间内交错流通，从而使空间形成不同的形态，具备不同的功能。这样，各种不同形态、不同功能的空间组合到一起，就可以使得整个空间都格外生机勃勃，充满趣味。

由于公共空间受到的制约比较小，在设计公共空间时自由度比较大，可以尽情地发挥自己的奇思妙想，完工之后公共空间必然十分亮眼。当然，在设计公共空间时，还是要尽可能地使它与博物馆的特点相适应，掌握好分寸。

4.2.5.4 交通空间

交通空间，顾名思义，就是具备交通功能的空间。在博物馆内，交通空间主要可分为两部分，即水平部分与垂直部分。

水平交通空间主要功能是对博物馆内的各个展室空间起到引导作用，引导它们与垂直交通相连，其主要形式是通道以及走廊。在设计水平交通空间时，要尽量避免重复的折线、直线、曲线等，可以添加一些绿化、展品介绍以及休息座椅，等等，缓解观众的视觉疲劳，增加趣味性。

垂直交通空间有无障碍电梯、楼梯、坡道等。通常情况下，在布置垂直空间时，往往将它与核心空间结合起来，展现出其实用性、趣味性等特征。

4.2.5.5 光环境设计

在室内空间设计中，光十分重要，它不仅能够起到照明的作用，更重要的是它可以帮助塑造空间氛围。在博物馆中，光线能够营造气氛，当观众参观某个展品时，与之相适应的光能够使观众身临其境，沉浸到展览品之中，从而得到更加丰富的审美体验。因此，在博物馆室内设计中，采光设计的相关内容十分重要。

博物馆内的光可以分为两种，即自然采光与人工照明。自然采光就是指太阳的光，它受到自然天气等方面的影响，比较多变，当太阳光照进博物馆内，人们能够感觉到一种真实自然的舒适之感。人工照明就是在博物馆内安装适应的照明灯，然后来改变调整这些照明灯的光线角度、色彩、强弱等，从而来改变氛围。自然光与人工照明给人的感受是不同的，人们能够产生不同的情感体验。

在博物馆空间设计中我们谈到的自然采光通常指阳光。太阳光的光照强度、时间长度会出现季节性、昼夜性的变化；不同波长的光具有不同能量，不同性质的光对物品也有不同程度的破坏作用。而太阳光这些自身的固有规律要求我们在设计中利用、适应太阳光，避免光对展示对象产生负面影响。博物馆陈列的展品很多都是国家保护文物，十分的珍贵，由于一些自然光可能会对这些展品起到破坏作用，在对博物馆的空间进行光环境设计时，一定要注意合理规范内自然光的照射，要根据展品的特性，规范自然光的照射，避免对一些国家保护文物产生影响。比如，在苏州博物馆新馆的设计过程中，设计者采用了一些金属遮阳片以及玻璃顶棚，对太阳光进行过滤和控制，这样既能够避免太阳光对展品的直接照射，破坏产品，同时也能够使博物馆内的光线产生层次感，随着时间的变化，照射进博物馆的太阳光也在不断地发生着变化，从而形成不同的光影，使得博物馆的空间氛围由静态变为动态，身处在博物馆中的观众的心情也会更加丰富多彩。

一般情况下，自然光照更多的要受到时间、气候等各种方面的影响，不容易控制，因此，在中国的博物馆室内光环境设计过程中，与自然光相比，人工照明使用更多。与自然光相比，人工照明不仅易于控制，而且更容易与博物馆的陈列的环境与气氛相协调，同时能够发挥出更好的艺术效果。例如，侵华日军南京屠杀遇难同胞纪念馆的"冥思厅"的设计，在这个厅中，左右两边是漂浮在水里的蜡烛，中间是一条长长的人行通道，当人们走在人行通道上的时候就可以看到两侧的蜡烛发出光芒，再加上道路两边的镜面玻璃反射蜡烛发出的光芒，从而无限延伸这个空间，这些星星点点的光芒，反映出人们对于遇难者的悲伤与哀思，营造了深远而凝重的空间氛围。

在人工照明设计中，有很多不同的灯光种类，这些灯光与博物馆内的展品相互适应，从而能够显示出展品的特点，吸引观众的注意力，渲染博物馆整体的文化氛围，让观众能够沉浸其中，身临其境。一般情况下，在博物馆的光环境照明设计中，常常使用到的是射灯、白炽灯、荧光灯等。在博物馆的照明设计中需要注意的地方主要有以下几个方面：第一，博物馆内的展品往往具有很高的历史文化价值以及艺术价值，十分的珍贵，观众只能用眼睛欣赏博物馆的展览品，观察展览品的特点、造型等方面，却不能用手触碰。因此要求博物馆展品照明应达到充分的照度、良好的显色性、较少光干扰，使参观者足以体会展品所显示的艺术魅力。第二，博物馆内的展品十分珍贵，在博物馆空间环境照明设计中应该选择合适的人工照明光源以及照明方式，避免光线照射对博物馆展品造成不好的影响。第三，博物馆的开放时间一般比较长，灯光照射的时间也比较长，会使用大量的电，在对博物馆空间环境进行照明设计时，要考虑到这一点，尽可能减少用电费用。总之，人工照明设计的关键可以归结为照明视感、文物保护、照明运行费用，那么如何处理它们之间的关系，应注重以下几方面的设计：

1. 光照强度

在博物馆空间环境照明设计中，人工照明的光照强度是一个需要注意的问题。光照强度的过高或过低，都会对博物馆展品的展览产生不利影响。如果光照强度过低，那么就无法展示出展品的特点，无法吸引观众的注意力，观众看不清楚展品，无法欣赏到展品的美。如果光照强度过高，那么就会刺激人们的视觉感官，可能对人的眼睛造成一定的损害，还会损坏展品。因此，光照强度的设计应根据整个陈列的照明氛围和展品本身的照度要求来确定，使参观者在足够的光照下舒适地观察展品。

2. 光谱成分

不同的光，往往有不同的波段，这些不同的波段，有的会对博物馆内的展品产生一定的破坏作用，比如红外光波与紫外光波有光化降解作用，不利于展品的保护。光谱成分中波长在 400～700 纳米之间的是一般普通的可见光，紫外线的波长要比 400 纳米低，它有着比较高的能量，会被物体吸收，当物体吸收了紫外线比较高的能量之后，就会发生变化，对物体的颜色与质地造成影响。太阳光含有大量的紫外线，比大多数人造光源的损害更大。比如，在陕西出土的兵马俑，刚刚开始出土时，它的色彩十分的鲜艳明亮，过了一段时间之后，随着光线的照射，兵马俑表面的生漆会发生氧化，导致漆面逐渐卷曲脱落，这些兵马俑的色彩开始渐渐变得暗淡，最后甚至完全失去了它原本的色彩。通过这个例子可以发现，光线照射会对一些物品产生不小的损伤，因此，在博物馆空间环境照明设计中，要格外注意光线的照射。但是，在日常生活中，太阳光的照射是不可避免的，可以使用一些百叶窗、遮光布等对太阳光进行过滤与控制，这样可以避免太阳光的直射。另外，对于博物馆内的文物展品来说，红外线的照射也会对它们产生影响。当受到红外线的照射时，这些文物的表面就会发生龟裂或者翘曲。在闪光灯光谱中，红外线具有加热作用，它会破坏那些丝绸文物，使那些色彩鲜艳的丝绸褪色变黄，同时还会破坏丝纤维。而且，当受到某些不同波长颜色光的照射时，一些文物字迹色素成分会对这些光进行吸收发生改变，无色会变成其他颜色。因此，为了保护博物馆内的文物，在博物馆空间环境照明设计中，一定要选择合适的光，尽可能避免红外线与紫外线的照射，以免对其产生破坏作用。

3. 光色的设计

在博物馆的空间环境照明设计中，要按照展品的特点以及周围的场景选择合适的光色，要尽可能真实地展示展览品的特性，使参观者舒适地进行参观，体验到最好的艺术效果。

4. 光线投射的设计

在博物馆照明设计中，还要注意光线投射的方向性，在同一个建筑空间内，不同的光线投射方向会展示出不同的氛围与效果，也会使人产生不同的心理感受。通常情况下，按照光线不同的投射方向，可以将这些光线分为几个类型，分别是顶光、侧光、背光、内光。一般情况下，在博物馆内部常常在顶部有射灯，来对这些展品进行照射，清晰地展现出展品的纹路和装饰造型，同时与周围的环境相契合，产生各种明暗效果。顶光比较符合人的日常视觉习惯，因此，常常用来照明博物馆展品的正面的线条、浮雕以及顶部的装饰与造型等方面。侧光就是指在产品的侧面对其进行照射，能够展示博物馆展品纵向的纹路装饰以及左边与右边的造型设计，能够让观众观赏到展品侧面的亮点，对产品形成整体的投影。背光，就是指在展品的背面对它进行照射，通常用来对那些外部轮廓变化比较大的展品进行照明，能够展现它外部变化丰富的线条，增加它的立体感，比如动物、人物、雕塑等。内光就是指对博物馆展品的内部造型进行照射，通常情况下，内光采用的是一种小型的射灯，它能够很清晰地展现出展品内部的装饰、造型、色彩等，让观众对于展品的内部情况有一个了解。

通过上面这些情况可以知道，在对博物馆建筑空间进行光环境设计时，要选择科学的、合理的、适宜的灯光，既不能损害博物馆内的展览品，同时又要展现出展览品的特点，与周围的环境相适应，营造适宜的环境氛围，给观众最好的体验。对于博物馆室内空间设计来说，光环境设计是一个十分关键的因素。随着时间的推移，人们对于环境的要求也在逐渐提高，目前，建筑空间内的光环境设计越来越多种多样，展现出一种多元化的趋势，有的是追求一种超越现实的光环境效果，有的是追求一种比较夸张的光环境效果，还有的是追求一种比较复古的传统的效果等。随着建筑空间光环境设计越来越多元化，中国博物馆室内设计的水平也在不断增强，博物馆室内环境越来越完美。

4.2.5.6 色彩环境设计

在博物馆室内空间环境设计中，色彩也是一个十分重要的因素。色彩具有感情性，不同的色彩能够给人不同的感觉，比如当看到绿色，人们往往感觉到生机勃勃、生意盎然；看到红色，人们便感觉到温暖、热情；看到白色，便会感觉到纯洁；看到黑色，便会感受到肃穆、庄严等。这些色彩还会使人们产生不同的情感体验，比如喜、怒、哀、乐等。在博物馆中，不同的色彩能够烘托不同的氛围，展示不同的主题。因此，在设计博物馆的室内环境时，要考虑到色彩的影响，合理地、系统地、全面地选择色彩，使它能够发挥应有的功能。不过，博物馆内的色彩设计与其他普通的雕塑、彩绘等是不同的，它要更为特殊一些。博物馆内的色彩必须要与展品相契合，要突出展品的核心地位，综合考虑展品、光、展示设备、展示空间造型等方面，合理地选择色彩，做好搭配。

通过色彩的调节、色彩的搭配，使博物馆的实物展品在展示过程中，将展品的原始色彩不失真地呈现出来，让不同的颜色给人不同的感觉，使观众在舒适、愉快、轻松的环境中获得最佳信息。

4.3 美术馆

在一个城市内，存在公共美术馆十分必要，不可缺少。它不仅是满足公众文化生活的一个重要场所，同时也与城市与国家文化发展水平息息相关，是衡量文化发展水平的一个十分重要的指标。

美术馆的主要功能有两个，一个是供广大民众参观，丰富他们的文化与精神生活，为他们提供一个休闲娱乐的平台，对他们进行公共教育。另一个功能就是给艺术品提供展览与收藏的平台，并对这些艺术品进行理论性的研究。总体来说，最主要的目的就是提供展示空间，并对大众进行推广与教育，以及进行研究活动。

随着社会的发展，如今的美术馆已经发展出更多的功能，顺应了时代的发展，满足了更多人的需求，逐渐脱离美术界，成为一个多元化的、大众化的、独立的、实验的公共艺术空间。比如，一些美术馆可以与一些奢侈品牌进行合作，举办商业艺术活动等。

4.3.1 美术馆建筑特征

美术馆的功能主要是提供展览空间，服务大众文化娱乐生活，并进行理论研究，美术馆的建筑特征必须要符合其功能特点。在现代社会中，人是具有丰富知识与能力的群体，而公共美术馆是传播人类优秀文化艺术成果、提升民众文化素质的重要场所。作为人们文化娱乐生活的载体，美术馆必须要认清自己的位置，服务于大众，满足人们的需求。同时，美术馆的建筑还需要与当前人们的审美水平相符合。

美术馆是一个开展公共文化艺术活动的良好平台，公众走进美术馆，近距离地参观美术艺术品，积极参与城市公共文化活动，能够使得城市生活更加丰富多彩。

公共美术馆是城市文明的象征，也是城市文化建设的标志之一。对于一个城市来说，公共美术馆代表着城市的形象，传承着城市的文化，它不仅是社会文明进步的象征，也是展示人类文明成果、传播先进文化思想、提升人民群众精神境界的场所，对于大众有着潜移默化的熏陶作用。

而且，不同时代的公共美术馆建筑往往带有不同时代的审美特点与文化精神，通过对一些公共美术馆建筑进行观察分析，往往能够发现它出自于哪个时代。目前，有很多优秀的设计师都留下了许多十分优秀的建筑艺术作品，他们在作品中充分展现出自己的设计理念与建筑风格，便于后来人观赏与借鉴。对于一些美术馆来说，建筑本身也是一个展品。比如，美国建筑师赖特（Wright）设计的纽约古根海姆博物馆，著名艺术史家巫鸿认为，这个艺术博物馆建筑是美术馆设计的一个关键的转折点，即"美术馆建筑本身开始承担两个作用，既是收藏和展览艺术的场所，又是建筑艺术的一个经典作品。"对于大众来说，人们要走进美术馆欣赏美术艺术品，最先见到的便是美术馆建筑，美术馆建筑是承载美术艺术品的载体，美术馆的建筑十分重要，正如秦红岭教授认为的："到新建博物馆参观的人们体验建筑物本身的愿望与欣赏其藏品的愿望似乎同样强烈"。因此，目前，在中国，越来越多的本土建筑师开始关注公共美术馆的建筑，他们渴望能够立足于本国文化，不断探索建筑的文化发展。在这个方面做得比较出色的，如王澍，他设计的宁波美术馆比较有代表性。他将中国传统文化与当代风格结合起来，不断融合发展，最终创造出了综合性的美术馆。

一般情况下，公共美术馆都是由国家与地方政府来投资的，宁波美术馆是一个公立美术馆，由宁波政府投资建成。原本是宁波港客运大楼的候船大厅，王澍在设计建造美术馆时，保留了轮船码头，并把它作为宁波美术馆建筑设计的一个艺术符号。王澍还将地方特色与民俗融入美术馆的建筑设计之中，基座采用青砖作为主体建筑材料，这种材料在宁波当地十分常见且价格平实，同时也符合宁波的当地传统特色。宁波美术馆能够与周围的建筑风格相融合，从而营造出一种熟悉的、和谐的氛围。

4.3.1.1 公众性

2007 年，中国美术馆馆长范迪安在全国美术馆会议上说："'公众的美术馆'是美术馆建设的最高阶段。"起初，美术馆主要功能是收藏、展示、研究艺术品。随着时间的推移，美术馆的功能越来越多元化，不仅要收藏、展示、研究那些艺术品，同时还要关注大众的需求，研究大众与美术馆空间的关系。

在美术馆建筑的设计过程中，公众性十分重要，要正确认识公众性设计理念，以公众性的思维去设计美术馆建筑。公共美术馆服务于大众，设计应"以人为本"，充分考虑到个人心理和行为特点以及各群体的需要。公共美术馆要对参与人群进行细分，既要满足文化水平较高的人群的需求，也要满足普通大众的需求。在公众美术馆建筑设计过程中，如果与大众的利益产生了冲突，那么应当以普通大众的利益为准。

在设计公共美术馆的过程中，要考虑不同文化层次人群的需求，设计不同层次人群参观的空间，当群众在参观美术馆时，能够根据自己的需求和水平选择适合自己的展区。不要设计得过于疏离，要考虑到公众的参与，要尽可能地让公众能够自由地参与其中，感受到一种好的体验，体会到艺术空间的魅力。

4.3.1.2 公共性

美术馆面向大众，服务于大众，它是社会的公共资源，为社会所有人服务。对于美术馆来说，其公共性主要由两方面决定，一是资金来源，一是社会角色。美术馆的建设与经营资金主要来源于政府拨款，政府的资金来自于人民大众，因此，美术馆的服务对象也应是人民大众。美术馆的功能就是提供展览、收藏、研究，它承担着推广和教育的重大责任。随着时间的推移，美术馆也必须要跟上时代的发展，从以艺术家为中心转向公众为中心，美术馆服务的对象不只是少数艺术家，文化层次高的人群，更是普罗大众，要发挥美术馆的基本属性，实现美术馆的基本功能，让它为人民大众服务。

美术馆内经常举办一些公益性的公共教育活动，这也体现出它的公共功能。随着社会经济和文化的发展，人们对于艺术的兴趣也在不断增长，大众对于美术教育提出了更高的要求。在美术馆中开展相关的培训和学习等教学活动，可以有效提高公众的文化素养和审美水平。对于成人来说，美术馆举办一些美术相关展览与讲座，能够使他们了解美术相关知识，更加深入地了解美术相关作品。对于儿童来说，美术馆定期举办美术相关活动，能够吸引他们的兴趣，使他们更加积极地参与美术活动，对课上的美术教育进行补充，使学生能够更加积极地、自愿地参与美术学习活动。

4.3.1.3 社会教化功能

英国艺术评论家罗斯金（Ruskin）曾经提出艺术的三大功能，即：强化人的宗教意识；完善人的伦理形态；给人以切实的帮助，使他们的道德情操获得洗礼，精神追求得到提升。其中，第一个功能，强化人的宗教意识，这主要与美术馆建筑的社会教化功能相对应。最早期，美术馆的雏形便是古希腊时期雅典卫城中的一座建筑，当时，人们专门用它来存放战利品以及稀有的珍贵之物，统治者在这个建筑旁向百姓宣扬战功，对诸神进行祭祀，这带有十分浓重的宗教色彩。后来随着不断地发展演变，美术馆逐渐成为现在我们看到的那样，其建筑风格与功能也发生了很多改变，逐渐成为人们进行政治思想和艺术文化交流的场所。

事实上，公共美术馆建筑现如今存在的社会教化的功能，便是从古时候延续下来的，只是，到目前为止，那种强烈的宗教色彩已经逐渐淡去了。如今公共美术馆的建筑语言十分丰富，当人们走进其中，便能够感受到它要诉说的某种情感与故事，获得一种十分丰富的体验，思维不断拓展，心灵得到净化，美学修养得到提高。这就是公共美术馆所具有的人文性和教育作用。以前的美术博物馆往往是向人们介绍美术的历史时代的变化，一个国家乃至一个民族的美术史，如今的公共美术馆与之前有了很大的不同，逐渐成为一个地方或国家的文化科普性场所，人们能够从其中获得美术的相关知识，还能够感受到其中艺术的美，不断提高自己的艺术素养。

美术馆建筑的教化功能不仅展现在美术馆建成之后，在建造过程中也能够展现出来。日本建筑师安藤忠雄在设计台湾亚洲美术馆时，就在美术馆的建造过程中，将其教化功能展现得淋漓尽致。美术馆建造期间，它对民众是开放的，人们可以到施工现场进行参观，聆听安藤忠雄讲述有关建筑的故事，了解美术馆的选材、建造过程。这样能够增进大众的参与度，同时能够提升美术馆的教化功能。对于公共美术馆的建筑来说，这个例子起到了很好的启示作用。

4.3.1.4 审美熏陶功能

要培养审美能力，多观察多欣赏美的事物是一个比较好的办法。在这个过程中，观众通过了解美和欣赏美，能够感受到一种美的愉悦感，从而更加主动地去追求美。通过一些优秀的艺术品或经典作品对观众进行教育，让他们能够从不同角度去理解和欣赏作品，引导他们形成正确的美学价值观，进而提高自身的艺术修养与鉴赏力。

美术馆立于城市之中，人来人往，它通过作品展示的方式向人们讲述艺术的发展规律与变迁，人们在美术馆里欣赏作品，互相交流，通过视觉和触觉去感知艺术作品背后的精神内涵和情感体验，从而对艺术家进行了解。在这种比较浓郁的艺术氛围之中，通过不断地潜移默化，人们无意识地接收到一些审美相关知识与信息，不断形成自己的审美认知，提高自己的审美素养。

当建筑师设计出审美价值较高的作品之后，要负责引导公众，使他们将个人的情绪与情感融入审美境界，对其进行调节控制，引导他们形成正确的审美价值观，培养他们养成正确的人生态度。

随着科学技术的不断进步与发展，人们对于艺术的追求也越来越高，这就使得许多优秀的艺术作品得以出现在大家面前。这些经典的艺术作品展现了艺术家高超的技艺与深厚的美学素养，能够引导公众形成正确的美学导向。但是，美学的培养不是一朝一夕之间完成的，这是一个长期的过程，必须要经过长期的对艺术品的观察、分析才能够不断地形成。它并不像理论知识那样，是一个逻辑性的、理性的过程，必须要在潜移默化之中慢慢实现。只有真正了解到这些美背后所蕴含的哲学意义和文化内涵，才能真正掌握这些美的真谛。对于大众来说，美术馆中的灯光效果与空间氛围有助于他们审美气质的培养。

南京的四方美术馆是一个当代美术馆，主要展示当代的艺术作品。由于受到中国传统书法与绘画的启发，只使用了黑和白两种颜色。同时四方美术馆的结构形式是逐步上升的，这样，观众在上升的过程中视角不断的变化，体会到中国画中变化的那种模糊感与空间感。

4.3.2 美术馆空间特征

目前，随着社会的发展，美术馆逐渐大众化，在美术馆中作品的展示十分的灵活，功能组合越来越多样，不断满足着人们的需求，使得人们与艺术的距离不断被拉近。目前，美术馆的空间特征主要呈现出互动性与体验性，下面对其进行简要分析。

4.3.2.1 互动性

1. 多元化的当代美术馆空间

当观众在欣赏美术作品时，会产生不同的情绪，比如理解、排斥、反感等，这不仅与美术作品本身有关，与美术馆的展示空间也有着很大的关系。与古典雕塑、架上绘画等相比较来说，当代艺术作品的倾向更加极端，它们不仅仅在某一片墙面上进行展示，而且还与周围的光线、空间等有着很大的关联，不断吸引着观众的注意力，它们能够与周围的场景互相协调合作，从而展示出最好的效果，给人们更加完美的体验。并且，它们还渴望着能够得到单独的一块空间，创造出一种独特的空间氛围。

当代艺术包括很多种，比如雕塑、绘画、声音、影像、表演等，这些不同的艺术形式具有各自不同的艺术场域氛围，因此，对于光线、空间、尺寸等各个方面有着不同的要求。在当代美术馆建造设计过程中，要考虑到这方面需求，运用各种不同的组合空间类型，设计多种不同的空间类型。与传统的美术空间相比，当代艺术的空间更加具有内涵。目前，当代艺术姿态的呈现形式更加包容，更加多样，其他事物与艺术之间的界限越来越模糊，建筑师与艺术家之间也在不断转换身份。建筑作为一种具有功能性和艺术性双重属性的实体存在，它不仅仅是一个物理上的场所，更是一个承载着精神文化的载体，建筑开始成为艺术的一部分。在当代美术馆中，这种多样化的艺术空间能够带给人们良好的、动态的艺术体验。

2. 当代艺术品与观众的互动性关系

海德格尔在《林中路》中说道，"如果我们根据这些作品的未经触及的现实性去看待它们，同时又不至于自欺欺人的话，那就显而易见：这些作品与通常事物一样也是自然现存的"。这个意思是说，艺术作品通常与现实生活有着很深的渊源，艺术作品的创作离不开现实生活，在现实中针对某些事件或事物会产生某些感受与精神，将这些感受与精神提炼出来，体现在作品上，艺术作品的创作也就是表达这些感受与精神的过程，仅仅将感受与精神置入作品中，并不算作艺术过程的完成，艺术过程的完成离不开观众的体验与交流。因此，艺术与生活、介质、观者都有着很深的关联，艺术必须要从生活中提炼，通过介质去表达，然后与观者产生共鸣。

艺术价值的发挥离不开观众，在当代艺术中，观众是主体，因此，与观众的互动必不可少。在设计当代美术馆时，必须要考虑现场感与互动感，使观众能够在艺术空间内获得完美的审美体验，获得思想上的解放。

4.3.2.2 体验性

在美术馆空间设计建造过程中，还需要使其具备体验性。在传统的美术馆中，艺术品往往是分门别类按照作者、时间、艺术派别等顺利排列展开，供人们观赏，这种观赏方式比较程式化，是一种比较被动的看展方式，人们获取美术知识与信息的过程比较偏强制化，不利于人们获得良好的审美体验。

20世纪70年代，当代美术馆开始逐渐发展起来，受到越来越多人的欢迎，它逐渐成为人们生活中一个十分主要的活动场所，为人们提供了一个良好的交流平台，同时还展示着城市的文化与艺术。在城市环境中，当代美术馆成为一个十分重要的节点，艺术品的展览活动也已经不局限于美术馆当中，而是更加主动地参与到人们的日常生活中，比如城市雕塑、装置艺术、建筑艺术等，它们组合起来，共同使人们的生活更加丰富多彩，更加璀璨鲜活。

与传统美术馆相比，当代美术馆肩负着更多的责任，它发挥着艺术普及、艺术探索以及艺术引导的职责。它具有当代性，拥有着现代视野以及现代的文化精神，采用的是现代化的运营方式，能够引导艺术趋向。

有很多的博物馆、美术馆，最初建立的目的就是对当代艺术进行展示与搜集，向人们介绍那些著名的画家以及他们的画作，让观众可以欣赏到这些艺术画作的美，他们组织过很多大型的展览，吸引许多观众来进行参观。比如，纽约 MOMA 现代美术馆，其最初就是为了向观众展示当代艺术的画作，向人们介绍毕加索、马蒂斯等画家，后来，随着时间的推移，这个现代美术馆已经不仅仅是向人们介绍关于绘画方面的展品，馆内的收藏品种类也在逐渐增多，它同时还向人们介绍摄影、雕塑、建筑等方面的艺术，保留了大量的当代艺术作品，能够供研究者对当代艺术的历史进行研究，并不断地对其进行推广，努力让更多的观众知道。在这个美术馆内的艺术作品都具有十分重大的艺术价值与时代价值。

如今，MOMA 美术馆经历了多次改造，在新的 MOMA 美术馆内，其空间与空间之间并不是一个独立的、互不联系的个体，它们都带有十分强烈的连接感，将这些展示空间都联系起来，形成一个整体的艺术。当人们进入展示空间内，就被引导着从一个空间走向另一个空间，对这些艺术品进行观赏，与这些艺术品进行对话，体会到这些艺术品的美，产生一种十分享受的体验。

随着时间的推移，社会的发展，人们对于美术馆展示空间的要求也越来越高，人们渴望参与到美术馆的艺术空间之中，获得一种全新的体验。这就对现在的美术馆提出了更高的要求。目前，一些传统的美术馆也必须要对自身进行审视，要根据观众的需要对自身进行改造，现在的美术馆不能仅仅是一个艺术品的收藏与展览的场所，也不能仅仅向观众传播艺术，更重要的是，要与观众进行交流。美术馆要将重心转移到观众身上来，要与观众进行互动，使观众能够参与到美术馆的艺术之中来，给予观众更好的体验。目前，有一些当代美术馆与观众建立了一种互动关系，这种新型的互动交流关系，能够给予观众更好的体验，符合观众的需求。比如，在纽约的新当代艺术中心，这个场馆是由叠加的六个白色矩形盒子组合而成，建筑体量十分独特，并且也十分具有创造性。这些白色矩形的盒子朝向不同的方向，展现出艺术的一种多元化趋势。在这个艺术场馆建成后，举办了一次大型的展览，向观众介绍了许多先锋艺术家的艺术作品。在举办艺术展览的过程中，观众在人行道中就可以看到艺术品被拆箱陈列的过程，给人一种新奇的精神感受。对于当代人来说，美术馆是一种精神的"避难所"，能够让人们在喧嚣的现实生活中感受到一丝平和与宁静。

4.3.2.3 氛围特征

在美术馆空间设计过程中，氛围感也是一个十分重要的特征，它是整个建筑的灵魂。通过对建筑的氛围进行营造，观众能够产生一种"场所精神"，它能够在美术馆建筑空间中阐述出一种精神性。因此，可以说，美术馆建筑空间的氛围营造向观众传达了建筑空间的思想、情感以及艺术，它提升了整个建筑的精神层面的意义。相比起艺术品收藏、艺术品展示等基本功能，美术馆氛围感的营造主要着重对于精神思想的传达与引导，它能够同人们进行文化交流，向人们展示艺术，给予人不一样的情感体验。

当代美术馆营造的空间氛围比较好，能够让观众感受到一种多元的精神体验。在当代美术馆中进行观赏时，观众不仅可以感受到那些艺术家深刻的思想内涵，还可以与其他人进行艺术的交流，氛围十分融洽。由于对不同的人群有定位，对于不同的艺术也有侧重角度，根据这两方面的不同，当在参观美术馆艺术品时有不同的观展动线安排，主要可以分为两种类型，一种是主动型，一种是被动型。

在美术馆建筑空间中，主动型的线路往往有比较强烈的序列特征，这种序列特征能够对人们形成引导作用，引导着人们从一个空间到另一个空间。主动型的线路对于特定的路径有安排，对于建筑空间的安排往往也有前后逻辑的顺序，在路径中有比较强烈的暗示语言，能够让观众按照指引动态地进行参观，跟随着路线的安排获得一种抑扬顿挫的感受，在一个个建筑空间的转换之中得到共鸣。被动型的线路比较自由，往往没有那么强烈的序列特征，人们可以自由地进行漫步。在整个美术馆内，空间的排布比较均质，并没有一个十分强烈的重心，空间语言比较多样化，人们可以自由地与这些艺术品进行互动，参与到建筑空间中去。每一个观众都可以依据自己的个人感知，与建筑空间的氛围相互融合，形成自己独特的感受。比如在北京有一个红砖美术馆，这个美术馆包含两部分，即环境部分与建筑部分。设计者采用了中国传统园林的叙事技巧，叠加了多重场景，使这个场馆既具有观赏功能，又具有其实用功能。人们既可以在庭院内进行办公、休息、饮食，也可以欣赏到不同的景色，寓情于景，获得良好的审美体验。

4.3.3 美术馆建筑设计原则

4.3.3.1 人性化原则

通常情况下，人们在建造设计空间时，往往主要是考虑它的功能需求，而忽略了人的心理感受。所谓人性化原则，就是要以人为本，考虑人的生理以及心理等多方面需求，根据人的需求来对美术馆进行空间设计。美术馆空间不仅要满足基本使用功能，还要体现出一定的人文情怀与审美情趣，以实现其自身价值。在心理需求方面，美术馆要展现出它独特的艺术性，使人们产生不同的空间体验。因为，当人们总是处于同一种空间状态中，很容易就会不耐烦，产生厌倦心理，不能以一种比较平和的、有兴趣的心理进行观赏。如果在设计过程中提高美术建筑空间的新奇度，这样人们在观赏的时候也会处于一种比较新鲜的状态，及时地调整自己的精神状态，积极又新奇地投入下一个旅程。这样也能够舒缓人们的心情，缓解人们的压力。而且在公共空间中，人们也能体会到自己对周围事物所具有的好奇心和求知欲，从而激发出强烈的创新意识。当然，还有比较重要的一点需要注意，这种新鲜的空间体验必须要与现实的日程经验相联系，不能过于新鲜而使人们产生陌生感，如果人们对于建筑空间产生一种陌生感，就会失去安全感，从而在心底里滋生出一种恐惧不安的情绪，也不利于公众的观赏。因此，在美术馆建筑空间设计过程中，要平衡公众的新鲜体验与陌生感，尽量把握在一个最佳的尺度范围内，寻找到最适合公众的设计。

在美术馆空间设计中，休息区域的设计也要加强注意。休息区域主要是人们休息的地方，功能比较单一。在设计休息区域时，要注重细节问题，尽可能地让它们符合人性化原则，满足人们的使用需求。这种细小的举动往往能够反映出一个城市的文明发展程度，因此，需要格外注意。

在欧洲很多美术馆都会将沙发座椅搬到展厅内部来，这是欧洲的美术馆室内布置中一种比较常见的做法，在这个区域里，可以随意地坐在椅子上看书或观看艺术品，而不是像传统那样把目光停留于作品本身。这样，人们不必忍受着疲累观赏作品，而是可以保存精力，放平心态，更加安静地去体会展览中的艺术品。为了更好地缓解人们的疲劳，还有一些国家的美术馆设置单独的休息空间，供人们休息，真正地缓解人们的疲劳。一些大型的艺术场馆经常会将这些方式综合起来使用，减轻参观者的疲惫，同时给人们留下交流的空间。

对于那些收入比较低的参观人群来说，不想为了仅仅找一个休息的地方花费太多钱。由于没有休息座椅，观众们在观赏艺术品时只能站着观赏、拍照，十分容易疲劳，影响心情，这就需要来参观的人们必须要有良好的体能，才能更好地观赏作品。而且，美术馆周围的休息区域往往离得比较远，休息一段时间回来之后往往就到了闭馆的时间。因此，在现实生活中，很多人参观展厅往往十分的劳累，苦不堪言。

4.3.3.2 公众性的原则

1."个人性"

"个人"往往是指单个的某个人，指向个体；"个人性"则是指的群体，通过对整个群体进行分析考察，了解到个体的人的种种客观性之后，将其综合起来，形成一种群体化的推广。因此，在考察群体性的需求时，必须要使得"个体性"占据相当的比例。

在美术馆空间内，休息座椅的功能主要是供人们休息，这种功能针对的是所有的社会成员，只要累了就可以来这里休息，它并不是为某个人或某个群体而特别设置的。除了这个例子，还有一些残疾人辅助设施，如无障碍通道等，这些公共场所的公益类物品与设施等展现出"个人性"的丰富内涵，既能够满足个人的需要，又能够满足群体的需要。在公共空间设计领域中，"个人性"有着十分深远又广泛的含义。对"个人性"的注重，既是具体设计行为得以执行的基础，同时也是考虑整体设计实践的依据，在设计实践过程中，既要考虑其功能性问题，同时还要注意它的美观、经济等各方面的问题。关注"个人性"，并不意味着在社会中无限地推崇个性，而是要关注每一个人，每一个群体，尊重他们的需求，人人平等。"个人性"不仅仅是一种个体层面上的概念，更体现了人们的集体意识和价值取向，它指向社会中的每一个成员，涵盖了文化、政治、经济、种族、地域等各个方面，对待所有的人群一律平等，从不偏私。在实现"个体性"的过程中，既要从全世界、全球范围内关注人类，消除人类之间的差异性，更重要的是要着眼于当下的形势状况。

在美术馆建筑过程中，建筑物本身就是一个非常大的展品。目前，随着公共文化事业逐渐发展起来，在公共文化舞台上，美术馆建筑也越来越被人们所注意，越来越多的建筑师开始利用美术馆建筑来表达自我，但是这也出现了一个问题，这些建筑师所设计的建筑与美术馆展品之间的关系联系不强，甚至忽略了它。

比如，柏林的犹太人博物馆就是一个十分鲜明的例子。这个博物馆的设计者是被屠杀的犹太人幸存下来的后代，名为丹尼尔·里伯斯金，他设计的博物馆的氛围比较压抑紧张，过度的追求自我意愿，大众褒贬不一。他采用建筑空间语言，向那些参观的观众诉说了当时犹太人被屠杀的悲惨历史，让观众直面那些屠杀事件的真实场景，使得观众的心情十分沉重压抑。有一部分观众比较认同设计者的做法，他们十分欣赏设计者设计的虚空放逐园以及大屠杀空间，认为博物馆中展示的那些展品反而破坏了建筑空间的氛围。还有一部分观众在参观完博物馆之后，内心十分沉重，心情无法平复，他们认为其中建筑空间的设计有些过于压抑。在当时这个博物馆设计招标的时候，就有许多褒贬不一的声音，大部分人都认为这个设计理念太过极端，不符合大众的需求，他们认为，这个博物馆的空间不应设计的太过悲剧，而应当将这个博物馆设计成一个中性的空间，这样能够吸引观众，抚慰人心。但是设计者丹尼尔·里伯斯金却并不这么想，他将犹太人被屠杀的悲剧直接展现在人们眼前，渴望让那些没有经历过那段创伤的人也能够感受到当时人们的心情。这个例子说明，在设计建筑空间时，要尽可能地平衡自己的"个人"意念与社会群体的普遍审美需求，不能过多地偏袒一方。

2. 设计形式的大众审美性

在设计建筑空间时，无论是建筑外在形式还是建筑内部的整体布局，都要符合大众审美。设计师不能仅仅按照自己的个人意念来对建筑进行创作，他们应该要遵从美术自己的语言，要尊重不同文化、不同社会阶层、不同宗教信仰的人们，要尊重这种大众的审美倾向。

当然，尊重大众的审美倾向，也并不是说必须要一味地满足大众的需求，不能发挥自己的独特的设计理念。设计师必须要具备前瞻性，在设计建筑时，要建立在大众审美的基础上，然后依据自己的设计理念创建一个较高美学价值的建筑设计。一般情况下，随着时间的推移，之前那种新颖的、独特的设计，往往也会开始被大众所接受，只是，这需要一定的时间。

4.3.3.3 开放性的原则

在美术馆建筑空间中，要遵循开放性的原则。之前那种传统的、封闭的建筑空间，已经不符合人们现在的需求了，设计师要设计一个开放的动线空间，使建筑与环境相接，使人们的参观过程更加充满活力。

在金泽 21 世纪美术馆设计中，通过 360 度透明玻璃幕墙形成的开放性，将室外风景自然的引入室内。模糊了界面的区别，建筑本身的存在感消失。人们更多地感受到艺术与周围环境的关系。

4.3.4 美术馆建筑空间设计的构造要素

4.3.4.1 空间的塑造

1. 形态分析

在美术馆的空间塑造过程中，要使其空间塑造与基本功能要求配套，空间表达方式手法的不同，会影响人们的内心以及情感体验，从而影响其发挥的功能作用。美术馆的空间塑造还要与美术馆的精神相契合，使观者能够感受到其中蕴含的精神与文化，美术馆的精神气质往往是通过空间的体量、大小、形状、比例等表达出来的。

（1）对比与变化

美术馆内不同的空间形态能够影响观者的感受与体验，而空间形态的对比与变化又会加强这种影响，使人的感受与体验变得更加的强烈。通过美术馆空间形态中的高与矮、开与闭等的对比与变化，观者的情绪就会发生变化，这样，也会导致空间的氛围发生变化。

（2）渗透与层次

在美术馆内，有很多不同的空间，这些空间并不是一个个孤立存在的，而是会产生相互影响。在建造美术馆空间形态时，要考虑到这个因素，通过分析空间的使用需求以及愿景，利用相互交织的连通贯穿和渗透的设计手法，使美术馆的空间层次变化更丰富，给人们带来更加多样的、生动的感受与体验。

（3）引导和暗示

在美术馆空间塑造过程中，一些精神氛围的空间塑造能够影响观者，对其形成引导和暗示，当他们参观时，受到这种影响，就会按照引导与暗示的信息走下去，其对于美术馆的体验与感受也会逐步地加强。

（4）序列和节奏

在美术馆空间内，展厅是一个比较核心的功能场所，因此，要格外注意展厅的序列与节奏，要尽可能突出展厅的重点，展现美术馆空间的精神与氛围，使之与参观者的精神相互契合。

关于美术馆的建造形态分析，有一个比较好的例子，即十和田市现代美术馆，通过图中可以看到，这个美术馆从外观上看就是一个个分离的白色方形盒子，与平常所见的美术馆有着很大的不同。传统的美术馆往往体量较大，而它的体量比较小，而且分散开来，对于当代美术馆建筑空间的多样性进行了说明。而且，十和田市现代美术馆的这些建筑空间看似分离，实则互相之间是有联系的，这些建筑空间通过透明玻璃长廊相互连接，构成了一个统一整体。这些玻璃长廊还将室内与室外连接起来，围合出许多富有情趣和变化的院落空间。而且，每一个建筑空间都是白色的，与周围其他建筑等相互对比，更显出它的低调，就好像是一幅画的画布一般，不争不抢，把其他物品渲染出各种丰富的颜色，整个空间氛围和谐又宁静。

这些白色方块盒子与玻璃长廊组合到一起，构成了一个情趣生动又生机盎然的活动场所。在这一设计理念中，设计师运用"点—线—面"等元素进行分割组合，使之成为具有特定意义或含义的单元，并将其组合成一个个有机联系的整体。这展现出设计师的高超手法与奇思妙想，以及设计师对于建筑空间的深刻把握，同时也营造出一幅美好的氛围图景。

2. 空间布局与空间氛围营造的关系

对于美术馆来说，其建筑空间的布局能够体现其功能性与精神性，具有十分重要的意义。因此，要合理地对建筑空间进行布局，营造良好的空间氛围，给观者良好的精神体验。

在18世纪末，很多欧洲国家往往将退位君主的城堡宫殿当作美术馆，然后将城堡宫殿内部的有价值的物品进行展示。乌菲齐美术馆就是一个例子，它在1560年建成，原本是美第奇家族办公的地点，后来被改造为美术馆。这座美术馆有两层高，是一种U形的建筑，其设计理念受到了米开朗基罗的影响，在平面上显示出长方形的U形建筑空间以及底层的柱廊，展现出多样性的特点。目前，一些现代美术馆，比如纽约古根汉姆美术馆，在其空间布局过程中，对之前的设计进行了创新，使之更加符合时代的发展，更加人性化，同时也将空间精神氛围需求融入其中，对其文化精神进行了演绎。

3. 比例与尺度对空间氛围塑造的影响

在法国建筑通用辞典中威奥利特·勒·杜克为比例下的定义："比例的意思是整体与局部间存在的关系——是合乎逻辑的、必要的关系，同时比例还具有满足理智和眼睛要求的功能"。在建筑空间中，比例能使人们产生对事物特征或形态的直观感知，并通过这种感知获得相应的感觉经验，对人的心理情感与情绪等产生影响。对于同一建筑不同的空间来说，它们之间都存在着一种比例关系，这种比例关系就会传递给人们很多讯息。

在很多不同的美术馆内，都采用了比例与尺度的关系来塑造空间的氛围，从而使人产生很多不同的感受与心理。比如，在加拿大蒙特利尔美术馆，其建筑空间内的楼梯是一种比较高而直的空间，营造出一种崇高、神秘、超脱的氛围，使人从心底里产生一种美好向往。而那种环形、迂回曲折的空间给人带来导向性感受；穹窿形状的、四周比较低矮的空间给人一种内敛的、凝聚的氛围。

在公共空间设计过程中，尺度是十分重要的一个因素。而且，与其他建筑类型相比，美术馆对尺度的要求更加多样，更加苛刻。因为，在设计美术馆建筑空间时，既要考虑功能性因素，展现出其精神性，还要符合文化体验的功能。在此前提下，不同尺度的美术馆会有不同的表达方式。比如，要表达出一种比较亲切、平和的氛围，往往建筑空间会设计的比较低矮；要表达出一种比较肃穆、崇高的氛围，往往建筑空间会设计得纵向比较高。

4.3.4.2 色彩的塑造

在美术馆建筑空间设计过程中，色彩的塑造是一个十分重要的因素。合理的色彩分析与组织不仅能够展现出建筑空间的美感，同时还能够烘托氛围，营造气氛，使观者能够更好地进行参观。针对不同的艺术作品以及建筑空间要选用适合它们的色彩，展现出不同艺术作品的美感，烘托出不同的艺术空间的氛围，从而向观者传达它所具备的情感与精神。

关于美术馆色彩塑造的例子有很多，比如新加坡艺术博物馆（Singapore Art Museum，简称 SAM）。这个美术馆的内部空间有很多不同的展览区域，在这些展览区域分别采用了不同的颜色，与展览区域的展览品相契合，呈现出一种或明亮或温馨的氛围，使观者能够身临其境，获得更好的审美感受。其正立面主要采用的是银色和白色，其另一位置则采用暖色调，伴着太阳光的照耀，呈现出一种欢快、活力的氛围。

4.3.4.3 材质的塑造

在当代的美术馆建筑过程中，使用的材质越来越多种多样。每一种材料都有其各自的特性，这种特性是其与生俱来的，不同的材质可以产生不同的视觉效果，比如光滑、粗糙、细腻、疏松等，从而使人产生不同的心理感受与情感。

在美术馆建筑空间设计过程中，要选择符合功能预期的、能够渲染所要求的情感与氛围的不同的材质。这时候，就需要了解各种不同的材质，了解这些不同材质的特点，了解它们能够烘托哪些不同的氛围。不同的材质组合到一起可以产生很多风格，可以是圣洁的、优雅的，也可以是粗犷的、狂野的；可以是自然的、诗意的，也可以是肃穆的、沉重的等。这些都会使我们在空间环境中感受到一种不同的感觉，这种感觉就是材料本身所具有的特性和情感因素给人们带来的。它不仅能够丰富人们的视觉感受，还可以升华整个空间的精神氛围。

比如，美国的科罗拉多 Aspen 美术馆新馆就使用了玻璃与木质的材质，采用了木质蜂窝的框架结构，形成一种比较好的空间感，给人带来良好的空间效果。整个美术馆由木构架跨越构成，用来过滤阳光，避免艺术品被阳光直射而被破坏。在美术馆的南墙处，百叶窗呈现打开的状态，对外艺术平台可直接观察。在美术馆的西墙处，阳光透过幕墙照射进来，创造了一种公开、透明的视觉效果，参观者可以饱览窗外风光，与此同时，窗外的人们还能看见屋内的景象。在美术馆的周围还有许多绿树，郁郁葱葱，生机勃勃，美术馆建筑选用的材质与周围自然环境相互渗透，完美融合，呈现出一种宁静和谐、诗情画意的美好氛围。

4.3.4.4 光影的塑造

在建筑中，光是十分重要的元素，阳光透过建筑照射进来，形成一种光影关系，展现出独特的魅力。建筑要想展现出独特的魅力，必须要借助光线展现出来，光是建筑设计中不可或缺的因素。光线的变化能够使人产生不同的心理感受与情感，比如人们在昏暗的光线下会觉得压抑、昏昏欲睡，在明亮的光线下会觉得刺激、清醒等。

在美术馆的空间塑造过程中，要巧妙地利用光来满足人们对美的需求，对空间氛围的需求，要发挥它的长处，规避它的短处，尽可能避免光对艺术品产生危害，光在建筑上具有很好的装饰效果，可以提高建筑物的美观性和艺术性，要利用光来加深人们的空间感受，增强人们之间的视觉交流，给人们带来良好的视觉体验。

在美术馆建筑空间设计过程中，要处理好光影关系，加强人们的空间感知。光影是一种具有空间性特点的艺术形式，通过光线的运用来创造出特定的时空效果，在艺术品周围形成一种不同的空间氛围，给人们带来视觉冲击，使之产生十分丰富的视觉体验。比如科隆美术馆就利用了光影关系，完美融合了遗址与新建场所，使空间氛围呈现出一种历史感。

光线的这种多变的视觉效果能够沟通观者的内心情绪与感受，从而使整个空间更加有活力，生机勃勃。这种多变的光线变化能够重塑美术馆空间的秩序与氛围，带人们进入艺术的世界，解放心灵与精神。因此，光对于美术馆来说至关重要。教堂建筑无论是自然光，还是光的色彩表达，都能够营造一种心理上的认同感，塑造一种独特的氛围，使前来参观的人们能够感受到一种远离俗世的感觉，从而获得精神上的解放。在美术馆建筑空间设计过程中，往往采用顶部自然采光，光线由顶部射入室内，使人们心里产生一种崇高而又神圣的感觉。当美术馆中采用冷灯光的时候，往往创造的空间氛围比较深沉、严肃。

比如密尔沃基美术馆，外部有白色的翅膀，令人赞叹，而它的内部更加令人震撼，就好像是一个全纯白的世界，光线从头顶倾泻而下，每个人都能感受到光线带来的视觉冲击，这就是我们所说的光的力量。在这个美术馆中，通过光线的照射，人们能够感受到那种纯洁的、宁静的美好氛围。

4.3.4.5 音乐的塑造

在美术馆建筑空间设计过程中，音乐的塑造是不可缺少的。人们有五感，视觉、听觉、味觉、嗅觉、触觉，在这五种感觉中，视觉与听觉最为灵敏，因此，音乐的塑造十分重要。一首好的音乐往往能够震撼人的心灵，令人难以遗忘。在西方艺术发展史上，声乐一直以来都被视为一种独特的表现语言，而这其中的奥妙就在于其自身所蕴含的丰富内涵与情感表达，美术馆建筑空间内精神的表达也离不开音乐的帮助。

不同的美术馆、不同的音乐的塑造必须要与它本身相契合，展现出不同的风格，传达出不同的氛围。在美术馆空间塑造过程中，音乐起到烘托作用，时刻烘托空间的氛围感，帮助人们融入其中。音乐不仅能够愉悦我们的耳朵，还可以间接地愉悦我们的眼睛与心灵。

4.4　文化艺术中心

在城市内，文化艺术中心的主要功能就是为人们提供文化艺术交流的平台，给人们提供一个比较好的氛围，可以在文化艺术中心内获得良好的体验。文化艺术中心是一种综合性的建筑，一般情况下，它与艺术馆、音乐厅、剧院等相邻。在文化艺术中心内配备的功能设施空间较多，提供给人们更多的可能性，人们可以在文化艺术中心内进行阅读、娱乐、休息以及参观等各种活动。

4.4.1 文化艺术中心的出现、职能和特征

4.4.1.1 文化艺术中心的出现

要认知文化艺术中心的出现，就必须要先了解公共文化建筑，通过对它进行研究，才能够更好地了解文化艺术中心。最早出现的公共文化建筑的主要形式有博物馆、公共图书馆、歌剧院等，它们的功能往往比较简单，没有太多复杂的功能。博物馆主要是展览、收藏有价值的物品，同时还具备研究功能。公共图书馆主要是大众进行阅读浏览的地方。歌剧院主要是社会上的一些精英们的交流与活动场所。公共文化建筑是现代城市发展中不可或缺的组成部分之一，它可以使人们更好地进行精神交流。随着时代变迁与发展，公共文化建筑类型不断丰富，其功能也越来越综合。在 20 世纪 80 年代，发达国家的文化建筑十分的丰富，比如博物馆、美术馆，等等，另外，还有许多综合性的文化建筑也被建造出来，这种综合性的文化建筑具备多种功能，被称为"文化综合体"。起初，文化建筑的功能是展览以及观赏，这些文化建筑功能比较单一，只提供相对应的服务。后来，随着时间的推移，社会的发展，文化建筑的功能越来越趋近于综合化，各种多功能的城市文化建筑产生了。比如，现在有一些观演类建筑不仅仅供观众观赏表演，

还提供综合的文化展示、研究等功能，甚至还具备娱乐、餐饮等服务设施。

无论哪种建筑类型，它的产生，都不可避免地要具备一定的客观条件，皆为那个时代社会大背景所使然。随着我国城市化进程的加快，城市建设规模不断扩大，社会政治、经济、文化等层面都发生了很大的改变，人民群众已经不满于当前的文化娱乐生活，对于精神层面上的追求越来越高，而这种需求正是公共艺术得以诞生与发展的重要推动力。公共文化设施是现代社会文明建设不可或缺的重要组成部分，对城市精神文明建设发挥着不可忽视的作用。2011 年，为了顺应时代的发展以及人们的需求，我国城市开始建设具有一定规模的公共文化服务中心，以更好地促进群众精神文明建设。总而言之，文化中心出现以及发展的客观条件主要有以下几个方面。

1. 文化娱乐发展的推动

目前，在全世界范围内人们的日常生活中，公共性的文化娱乐活动开始占据主要地位。为了满足人们的需求，顺应社会的发展，各国开始建设城市文化中心，使得文化娱乐活动更加开放，同时也为人们的文化娱乐活动提供了更多的选择性。

2. 城市发展的需求

随着时间的推移，城市化趋势明显，在城市生活中，文化娱乐生活是必不可少的，因此，在城市规划建设过程中，往往少不了文化艺术中心。而且，文化艺术中心作为一个特殊的公共开放场所，它不仅为人们提供休闲娱乐的平台，同时也成为一种独特而又有影响力的文化符号。与其他文化建筑相比，文化艺术中心还有许多优势，比如使得城市更加充满人情味儿，加强城市的人性化建设；文化艺术中心的多功能能够促进第三产业的发展等。总而言之，在城市发展中，文化艺术中心顺应了时代的发展需求，同时也满足了人们的需求，必不可少。

3. 城市标志性建筑的需要

对于城市来说，那些功能比较简单的文化类建筑往往规模比较小，内容也比较单一，不丰富，对于城市来说起不到形象塑造的作用。而文化艺术中心往往功能比较复杂，内容丰富，规模也比较大，可以作为城市的标志性建筑，成为城市文化形象的符号。文化艺术中心能够重新塑造城市的空间环境，有着极大的影响力，目前已成为世界各主要发达国家提升城市形象与竞争力的有力手段。

4.4.1.2 文化艺术中心的职能

目前，在城市中，文化艺术中心是不可缺少的重要组成部分，它们在社会经济生活中起着十分重要的作用，比较常见的文化艺术中心包括剧场、美术馆、音乐厅、图书馆、教育中心等。这些文化艺术中心的功能比较复杂多样，给人们提供了更多的选择，能够满足人们日益多元化的需求，发挥更大的社会效益。随着时代的发展，各种不同类型的文化艺术中心层出不穷。当然，尽管文化艺术中心功能很复杂，但是每一个文化艺术中心往往包含一种或两种主要的功能，其他的功能只是作为辅助兼顾。这些文化艺术中心的功能搭配主要与社会以及人们的需求有关，通过功能搭配展开各种工作。这些文化艺术中心所偏重的是哪一种艺术形式，通常就以哪种艺术形式命名，比如影视艺术中心、音乐文化中心、文化信息传播中心、表演艺术中心等。通常情况下，在文化艺术中心内，不同的艺术形式占有不同的功能空间，文化艺术中心往往会依据需要对其进行组织安排。

最开始，城市文化中心的功能主要是娱乐、表演以及举办展览活动，后来，随着时间的推移，在社会日益发展的今天，它的职责越来越复杂，越来越丰富，逐步成为城市中的一个重要组成部分。在美国，有人将艺术与工作地点以及生活质量联系在一起。甚至，一个地区的文化与艺术还会影响该地区经济的发展。在我国一些大城市里，许多著名的艺术院校都设在文化区内或靠近这些地方。由此可见，当前社会上，文化艺术日益显示出其重要性。目前，文化艺术中心作为一种新型的公共空间形态已被普遍熟知，在城市中，大量的文化艺术中心被建立起来，其功能形式多种多样，服务对象也十分广泛，能够对当代社会产生很大的影响。文化艺术中心具有公共性，在其中，既可以进行表演、展览等活动，也可以进行一些娱乐、商业活动，随着社会的发展，其表层职能逐渐地被弱化，公共职能越来越扩大，越来越多的人开始将它当作一个现代化城市文化交流的活动中心。

4.4.1.3 文化艺术中心的特征

与文化建筑相比，文化艺术中心既有与其相同的地方，也有与其不同的地方。文化艺术中心在文化建筑的范畴之内，二者的基本特性相同，但是文化艺术中心还有很多不同于文化建筑的地方，因此，它还有很多文化建筑并不具备的特点。

通过对文化艺术中心与文化建筑的区别进行分析，可以得出文化艺术中心的以下几个特点：

1. 功能的综合性

与文化建筑相比，文化艺术中心的功能更加丰富，因此，文化艺术中心具有功能的综合性。文化艺术中心是一种综合型的建筑，它通过对各种功能进行交叉组合，实现了各种文化建筑之间的融合。

文化中心的综合性体现在功能的分化与综合的统一，文化活动的多样性促成了建筑职能的分化，功能空间的划分更加细致明确，可以满足人们的多种需求，同时也为建筑职能带来不定、模糊的建筑活动，这就出现了综合性和多功能的趋势。两者有机结合在一起，形成互为补充的关系。在城市文化艺术中心中，多种活动之间的相互作用、相互促进形成建筑功能的互动。而这种互动又带来部分之和大于整体的聚合效应，也就是说各种基本功能间的相互交叠会引发出新的功能，反过来这些新功能又对原有的基本功能产生促进作用，从而使建筑综合体具有更大的职能兼容性。

比如，理查德迈耶曾经设计了一个多功能的建筑综合体，即盖蒂中心，在这个中心内包含三种不同的艺术形式，功能十分丰富，有一个艺术研究中心，一个现代化的美术博物馆，一个美丽的花园。

2. 广泛的公共性

文化艺术中心面向大众，服务于大众，它是一个全开放型的公共空间，供人们进行各种文化娱乐相关活动。与普通的建筑项目相比，文化艺术中心更加强调社会参与，大众之交流性，城市之协调。在我国目前的城市化进程当中，作为一个新兴的文化产业形态——城市文化艺术中心正逐步发展起来。它与诸多行业有关联，它所涉及的人，更是来自不同的社会阶层，这些不同阶层的人们往往有着不同的年龄、知识背景、职业经历等，各个不同阶层的人们都聚集在这里，共同进行各种不同的文化娱乐活动。它不仅给人们提供观赏、表演等功能，还给人们提供了一个相互交流的平台，有助于人们的广泛交往。而且，文化艺术中心的周边广场以及步行街道也吸引了很多人来这里休息、散步。它不仅使得人们的整体文化艺术素质得到提高，同时也提高了整个区域的活力和积极性。

3. 地方的人文性

城市文化中心是一种特殊的公共活动场所，也是一个区域内居民进行社会交往和文化交流的主要场所。城市文化艺术中心不仅仅是人们休闲娱乐的场所，还具有地方的人文性。在城市文化艺术中心内，人们可以观赏表演，观看艺术品，还可以与他人交流，在潜移默化的影响下，自身的素质也可以得到提高。另外，城市文化中心内举办的文化活动，往往与城市的文化、历史、生活生产环境等有关，具有当地鲜明的文化特色。城市文化中心的建筑造型、设施内容等方面也都与城市当地的文化传统以及风情民俗相适应，它是一个地方的标志，在传承城市文化、展现城市特色方面有着十分重要的意义。因此，我们必须重视城市文化中心建设中的个性问题，注重对地方特色资源的保护，加强城市文化中心自身形象塑造的工作，以适应现代社会发展的要求。在传承传统历史文化的同时，还要注意与时代相契合，符合当下时代的发展，既要突出新时代的人文主义精神，又要突出文化的独特。

针对城市传统文化的传承，吉巴欧文化中心就很好地做到了这一点，借鉴了传统的村落布局，共有三个村落，这三个村落具有不同的功能，发挥着不同的作用。它尊重当地的传统文化以及自然环境，选择的建筑材料以及处理木材的方式等也都与当地的气候、地理民俗等相互契合，与当地的历史、人文、环境等相适应，展示出新卡里多尼亚地区的卡纳克斯文化。总体来说，吉巴欧文化中心将艺术与建筑技术完美地结合到一起，为城市文化艺术中心的建设做出了一个很好的例子。

4.4.2 文化艺术中心的功能构成

4.4.2.1 大型演艺类和娱乐活动部分

在文化艺术中心内部，大型演艺类活动和娱乐活动部分是十分重要的组成部分。这部分功能占用空间比较大，人员往往比较密集，对于设备以及技术的要求比较高，而且花费的经费往往也比较高，主要用来衡量文化中心的技术质量以及先进性。一般情况下，大型的文化艺术中心的功能比较齐全，音乐厅、剧场、放映厅等一应俱全，而小型或者是中型的文化艺术中心往往只有其中的一个或两个功能。当文化艺术中心的空间比较大、经费比较充足的时候，可以建造全部的功能厅，当文化艺术中心的空间比较小、经费不足时，就仅能建造其中的放映厅部分，在附近单独建立音乐厅以及剧场。

4.4.2.2 文化艺术学习和娱乐部分

顾名思义，这部分的主要功能是供大众娱乐以及进行文化艺术相关的学习。在建设这一部分时，要根据城市区域的具体情况来选择合适的功能部分。比如，当文化艺术中心附近的区域声音比较嘈杂时，可以建设一些培训教室、体育活动空间等。当文化艺术中心附近的区域比较安静时，可以建设阅览室、艺术展览厅、图书馆等。

4.4.2.3 行政管理及业务办公部分

在文化艺术中心内，这部分主要是担任行政以及业务功能，比如管理、接待机构和工作人员的办公空间，面积大小及具体组成因文化艺术中心的类型和服务对象的不同多有侧重。其中也包括各种专业工作室，如摄影工作室、音乐工作室等。

4.4.3 文化艺术中心设计原则

4.4.3.1 功能普适性原则

按照意大利建筑设计师埃托·索特萨斯（Ettore Sottsass）的观点，建筑的首要功能是同人们的生活建立一种潜在关系，而非其内容的占比与规格。也就是说，建筑的功能不是刻板约定的，一定是动态的、社会的，因为社会生活本身就具有流动性。文化艺术中心最基础的结构和功能都应该首先考虑市民的文化艺术活动需求，因为它们往往会被一座城市作为中心建筑。面向人群的生活习惯和工作学习模式，是文化艺术中心的功能设计需要参考的首要因素。除此之外，文化艺术中心的建设还有一种相当明显的趋向，就是显示居民艺术生活的外向表征，以建筑的形式承载城市的文化底蕴和历史传承。近几年来，文化艺术中心的建设侧重点往往集中在城市文化方面，因此自身定位也倾向于体现普适性功能，从功能特性的角度入手，寻求新的城市内在定位。

4.4.3.2 整体协调性原则

文化艺术中心具有多重功能。因为城市的经济水平与现代化程度不断提升，人们的生活基础也日益充实，渐渐有了更丰富、更高层次的精神追求，娱乐、教育、休闲建设随之兴起，成为新的文化风尚与经济增长点。另外，既要组织文化交流项目，面向城市居民传播艺术；又要筹办一些娱乐活动，在教育市民的同时，实现寓教于乐、放松身心、愉悦自我的目的。不同类型项目的活动流程、措施和要求都不同，有些活动项目的参与人数多、范围广、层次多面，时间也较为集中；有些活动的流程则比较短，没有固定的形式。总而言之，文化艺术中心的内外空间都有多种内在特征，这是因为任何城市的文化都符合固有的多样性规律。基于这些多样化的功能领域，设计师在考虑文化艺术中心的构造时，必须致力于在单项功能和整体框架之间达成一种协调关系。

具体来说，文化艺术中心的空间设计需要参考许多要素和流程，包括人流活动规律、文化艺术中心自身的承载力、不同功能区承担的功能等，同时还要尽量在各功能区之间建立协调配合的关系，而这些要求都应当在顺应总体布局模式的前提下执行。文化艺术中心追求的"协调"并非单纯局限于建筑内部各功能区的协作，还要和周边的外在环境达成协调。这是其城市建筑的本质决定的：文化艺术中心不是一个独立环境中的独立建筑，而是处在特定环境之中的公共性建筑。因此，无论何时，其功能都是外向的、交流的。文化中心如果成了一个自我封闭的体系，就失去了固有的意义。如果建筑和外在环境形成良性的沟通协调关系，并且得到积极环境秩序的支持，就能发挥远远超出自身功能的功效和职能，同相邻建筑和所处环境达到相得益彰的效果。

4.4.4 文化艺术中心建筑形态及功能组合

4.4.4.1 文化艺术中心的总体布局——对话城市空间

1. 文化艺术中心经典布局模式

文化建筑都具有复合性质的功能，参考空间形态特征，文化艺术中心可在宏观的构图与布局模式上分为两种：单体式与集群式。

单体建筑布局指的是以建筑自身为核心，主体建筑物采取相对集中规整的形式,其他非主体因素布置在场地边侧或一角,节省充分且集中的剩余用地,这样一来,如果场地内还需要开展其他内容,就能比较方便地安排实施。这种布局有时为了给建筑主体增加雄伟宏大之感,或出于其他限制性条件的考虑,常将建筑远离场地入口而布置在后部的边侧位置。单体式布局的主要优势在于主体建筑的形象较为鲜明,其造型给人以简洁大气的视觉效果,整体秩序一目了然,不同内部构成的用地划分也比较合理,关系处理得当,既有组合效果又相对独立、互不干扰,能很好地节省规划用地。当然,单体建筑布局也有一定缺陷:层次变化不够丰富,建筑造型比较单调,不能和外在环境形成深入的有机关系。

单体的布局模式的用地范围一般只包括一两个街区,这种简洁的布局模式主要是服务于建筑内部的功能,确保建筑能够作为一个有机整体高效运转,而建筑的内部往往包含样式和数量繁多的综合项,所以拥有更加集中的外部空间,整体规格普遍超出其他城市建筑。单体式的文化艺术中心布局模式是通过"化零为整"的方案,将自身所掌握的复合的功能空间并列后彼此糅合,集中在完整的形体内,形成完善而有机的空间形态。

目前学术界的普遍共识是,真正意义上的现代集群建筑设计始于1927年德意志制造联盟魏森霍夫住宅实物展。这一现代集群建筑设计的实例当然不是纯粹的机缘巧合,而是来自特定的历史文化环境。具体来说,集群式的文化艺术中心布局模式是一种集中于项目用地范围内的建筑群体,都有比较系统的、正式的整体规划和设计组织,并且经历了相当复杂的演变机制和系统化的发展演变过程。尽管设计的过程可能有许多理念各异的设计者参与其中,但在统一的规划设计之下,构成整体的每个建筑群之间必然存在一定的联系性与聚集性。

艺术家不同的表现形式成为建筑中的元素,让建筑设计更富有人文气息。不过这类设计形式有可能脱离实用性的要求,因此,在设计完成之后,发起人和委托者很可能还需要从商业等角度入手,对建筑的使用价值加以协调。另外,集群设计是一个建筑事件,其产生的影响力和引发的关注程度让其脱离了单纯的建筑设计活动而具有了社会性。

2.城市空间的组合与可持续发展

文化艺术中心的设计和建设需要处理的首要问题之一,就是妥善安排建筑和城市的空间组合关系,这类建筑作为现代城市中的开放性公共活动空间,其社会职能的发挥程度同外在环境搭配关系紧密相连。通常来说，文化艺术中心都是大型建筑，体量相当可观，内部有着庞大而复杂的复合空间组织构造，可供大量城市居民开展、参与多种类型的大规模公共活动。这就决定了文化艺术中心固有的利弊性质：如果不能和谐妥帖地融入其所在的城市空间环境，就会适得其反，给城市居民和市政规划带来许多困扰：占地面积过大的文化艺术中心将扰乱城市有机环境的连续性，严重影响城市空间规模的人性化设计，对于周边环境的交通组织来说，也是一个相当大的负担。所以，现代化城市的文化建设应当及时更新理念，采用回归真实生活、自然而然的设计方案；要想更好地在建筑设计中维护和延续一座城市的历史与文化，在标志性建筑中盲目地穿插传统建筑符号显然是最死板、最缺乏设计思维的方案，保护城市的内在肌理、有机更新城市建筑功能，使城市构造不断趋于合理化，这才是城市建筑设计最合理的发展方向。

4.4.4.2 文化艺术中心的功能组织

1. 不同部门的有机性组合

建筑（尤其是现代建筑）作为人们生活、劳作、学习、娱乐等的空间，自身就是一个具备流动性有机体，其内在承担的各种功能自然被作为这个有机体的各个组成部分。基于这样的性质和规律，建筑的所有内在部门必须彼此之间协同合作，成为完整的有机功能系统，体现人为互动能力时，才算是真正实现了各个不同板块的功能特点。因为文化艺术中心具有传媒、教育、审美等功能特性，所以它应该构建一种不同性能的重叠并存的空间环境系统，这一目的可以通过融合、重组传统的文化建筑类型，或者单独引用其功能单元来实现。现代城市文化艺术中心作为社会集合中心，必须符合"功能多样的综合建筑体"的基本要求。文化艺术中心的功能区划分非常详细，而且多样，室内部门包括用于阅读学习、展出浏览的图书馆、阅读室、休息室、展示厅，室外部门包括各种交往与娱乐场所，此外还有一些组织、游戏等，介于室内和室外空间之间，可以看出，无论是从意义上还是功能上，文化艺术中心都具有更加广泛和综合的特性，远远不是街道、广场、商场之类的单一性质场所能够对比的。这些功能各异的内在部门之间彼此渗透、彼此影响、彼此促成，共同为所在城市或区域的核心空间建设做出贡献。

2. 立体交通的合理组织

只有从三维立体的角度，整体化、系统化地分析建筑布局，才能达到合理分配空间的目的，仅仅在平面图内考虑空间功能组织是不能满足多种部门的分配需要的。文化艺术中心的内部职能空间在高度和大小上不尽相同，是由其特殊的功能配置所决定的。文化艺术中心所包含和承担的各种基本功能，都能够作为一个单独发挥效用的建筑模块，也叫作功能体块，而所有的功能体块都发挥着自身独一无二的作用，具体来说，休息室部分的主要要求和特征是安静清洁、光照温度适宜；博物馆与阅览室等除了要有充足的空间外，还要满足特殊的采光需求；展演部分则一般选择开阔平坦的场所；还有一些承担商业功能的部分，需要体现开放性原则。受到前述标准的约束，每个部门在文化艺术综合体中分布情况都不同，规格和位置也不同。

对于文化艺术中心的设计来说，划分并再建构内部功能体块，是一个行之有效且具有普遍性的策略，文化艺术中心内外空间构成的形态和结构，通常是由图底关系决定的。通过重组、剖析功能体块的意义，帮助文化艺术中心建立内外空间图底构成的合理关联，将建筑整体及其内部不同区域的体量控制在恰当的范围内，充分利用建筑内外的所有空间，最终有效地管理综合体的空间序列。一般情况下，文化艺术中心的布局如果倾向于分散式，就会对环境设计提出更多、更详细的要求，环境场地总规模也比较充分；反之，建筑综合体的型制越接近集中式，其内部的功能体块就越符合聚合性特征，环境场地也越受到限制。设计师在充实新设计和组合功能体块时，首先要遵循综合体总体布局的建筑理念，并分析当前城市规划对建筑密度、建筑规格、容积率等项目的规范，尽可能满足不同功能空间所承担的要求，并且结合基地预期用地的面积，尽可能合理地在每一个功能体块之间建立关联，达到"各得其所"的目的。建筑的实用功能与内外形象给人带来的审美感受，是设计师考虑的两个基本要素，规划内容要在这两个方面之间达成妥善的平衡。

3. 紧密关联城市文化及其功能系统

现代城市的建设和发展往往脱离不了文化建筑综合体，文化艺术中心就是这类建筑中的一种，并且往往承载着多重复合的功能配置。在提及文化艺术中心的核心功能时，人们往往会考虑到艺术欣赏或表演功能，所以，正规的、完备的文化艺术中心都包含"高雅艺术空间"这一部分，如音乐厅、艺术馆、博物馆乃至剧院等；另外，前期策划还需要专门划出其他的辅助部分，如阅览室、展厅、影院、公共活动和休闲娱乐场所等。另外，因为文化中心内部的功能定位各有区别，所以各功能组成部分的配比关系也会有所不同。

在一座城市中，高雅艺术型文化艺术中心经常被作为地标性建筑，用来组织一些大型观演活动或其他的正式公众活动，所以用途总的来说比较纯粹。不过，随着现代城市居民文化理念和精神追求的革新，设计师们也开始倾向于设计一些创意型文化艺术中心，这些文化建筑和传统模式相比，拥有更加灵活多样的功能配置，因此设计者会强调文化艺术中心的辅助功能部分，适当增加其配比。还有一部分文化艺术中心的主要功能在于保护历史文化遗产，所以其功能侧重点也会根据遗产内容进行调整和修改。总之，文化艺术中心的设计要想体现一座城市固有的文化渊源与人文元素，就必须首先分析与城市文化有所联系的功能性系统。

4.4.5 文化艺术中心的内部空间营造

4.4.5.1 文化艺术中心的内部空间系统构成

所有建筑都会承担特定的物质功能，而这种功能影响决定着建筑的最终规模，由此可按照形态和特点等基本要素，将建筑划分为不同类型，每种类型的建筑都会对应特殊的构成模式，与自身的属性和效能等相对应。建筑的主体框架是由特定的构成模式和功能布局构成的，这两个要素关系到建筑的空间结构和宏观轮廓。建筑空间要想建立合理、稳固的基本组织结构，首先应该分析匹配自身功能的构成模式，按照实用性原则布局。

毫无疑问，文化艺术中心的基本物质功能在于开展各类艺术活动，供人参观、欣赏不同形式的艺术创作，接受艺术熏陶。所以，合格的文化艺术中心，其主体空间元素必然包含充足的展览空间和观演空间等，不过，也应该考虑时代与文化变迁对建筑产生的影响和提出的新需求：人们正处在一个多元化的社会，生活需求不再局限于衣食住行，精神世界愈发丰富，需求也越来越复杂。为了顺应时代、更好地满足大众的需求，文化艺术中心应当适当拓展自身的功能素质，比如，可以逐渐加入一些诸如餐饮、娱乐中心以及商业空间之类的休闲场所，向娱乐和商业等领域不断扩充职能作用，提升文化艺术中心的综合性，最终打造包含多种现代职能的综合体建筑。总而言之，文化艺术中心的副功能在现代城市中的功能越来越突出、越来越多样，它们已经不仅具有服务于文化艺术中心的主体功能，还能够单独产生经济效益、文化效益等，向着独立性的方向不断发展演变，这一规模在未来的文化艺术中心设计中依然会持续扩张、不断演变。

法国蓬皮杜文化艺术中心坐落于塞纳河右岸，常常被誉为"现代巴黎的象征"。它是一座改变了以往所有文化机构固有形象的建筑，也是 20 世纪 70 年代西方建筑界引领高技派潮流的代表之作，是奠定了著名建筑师理查德·罗杰斯与伦佐·皮亚诺职业生涯的建筑作品。

1969 年 6 月，乔治·蓬皮杜当选为法兰西共和国总统，这位不甘因循守旧的总统积极鼓励创新，提出了要为艺术家和年轻一代建造现代艺术中心的计划。蓬皮杜本人是现代艺术坚定的拥护者，他欣赏大胆、反叛、颠覆传统的艺术，并认为新的蓬皮杜文化艺术中心应该是这种艺术理念的践行和倡导者。他从 49 个国家将近 700 个设计方案中亲自挑选了当时年龄不过 30 多岁、仍然默默无闻的理查德·罗杰斯和伦佐·皮亚诺合作的设计。罗杰斯在自传中详细阐述设计初衷和理念是这次突破重围的重要原因，法国当时正是各种思潮盛行之际，人们常常要求政府作出改变，兴建蓬皮杜中心的原因也在于此。因此，罗杰斯和皮亚诺设想了一个开放的公共空间："它将是一个属于所有人的地方，不论种族、信仰、贫富；它也将是一个人类活动的灵活场所，具有开放的内部空间，能实现多样、可重叠的使用功能。"为了完善设计，罗杰斯与皮亚诺在比赛刚开始时参观了巴黎，在这次的参观中，他们也确立了自己的设计目标：蓬皮杜不是需要一个艺术宫殿，而是一个公共生活场所。"它可供人们日常会面，为城市带来活力，供朋友和情人在这里约会，供举行自发的表演与游行，供父母带孩子前来嬉戏，供任何人坐在这里闲看城市的日常生活。"在蓬皮杜文化艺术中心的设计中，建筑只占到了一半，还有另一半留给了城市广场，罗杰斯和皮亚诺的作品是在参与比赛的 680 多幅作品中，唯一一个设计了公共广场的作品。

作为高技派的里程碑建筑，蓬皮杜文化艺术中心主要采用预制构件来建造，能够迅速安装或拆卸。建筑的中央具有 44.8 米的净宽度，再加上前后各 6 米宽的交通区域和服务设施区，整个结构的宽度竟达 56.8 米，为保障建筑的稳固性，皮亚诺和罗杰斯在其外部用 28 根支柱支撑，采用钢桁架梁柱结构，以短支撑悬臂梁的方法支起桁架主梁，短的一头支撑着主跨的桁架大梁，被压翘起的细长一头，则由固定在建筑底部的拉杆紧紧拉住。外层立柱被拉杆取代，视觉的干扰降至最小，透明立面的设想得以实现。整座建筑通体采用金属架构，运用材料十分现代化，在技术（功能）上，钢具有强度高、自重轻、抗震性能好、施工速度快、地基费用省、外形美观等一系列优点。关键是火灾的时候有明显得优越性，而且通风条件好，甚至用不上防火涂料。钢和玻璃强度足以支撑一个很大的空间，结构外置使得内部空间划分灵活。在艺术上，钢与玻璃本身就显得很精致，二者的结点、分割都有很多新的方式。在这种条件下，蓬皮杜文化艺术中心把外形设计得很奇特。因此钢柱、接点、金属管道、透明玻璃构成了它的骨架与血肉。细部，蓬皮杜中心的形象并非偶然的产物，而是刻意追求的结果。他们说："这座建筑是一个图示，我们要大家立即了解它，把它的内脏放到外面，为了大家看得清楚，自动扶梯装在透明管子里，让大家能看清其中的人怎样上上下下，来来往往。这对我们非常重要。"

4.4.5.2 文化艺术中心的内部公共空间

在现代社会，城市规划者如果希望进一步深化城市空间配置，将城市作为一个序列化、系统化的有机整体，实现从公共到隐私、从开放到封闭、从中心到边缘的转换，必须经过一个连接公共空间与实体建筑的过程，这样，城市居民在了解所处空间的细节、探索城市复杂空间系统、感受环境以及为自己的活动空间定位时，能围绕一个相对固定的参考标准展开。一座城市空间的延续性，能够将其内部空间与蕴含的文化有机融合在一起。在文化艺术中心的空间组织和架构中，内部公共空间是一个关键的组成部分，承担着重要的意义。

在规划文化艺术中心的内部公共空间与城市公共空间的分配关系时，设计者应当先考虑建筑与城市形态的关系，确定一个科学的标准；另外，还需要遵循一定程度的保留原则，文化艺术中心不仅是城市的内在组成部分，还能够作为周围城市的功能性延伸。合理的空间规划能够让综合体内外的不同文化活动连接在一起，构成一种动态的持久交流关系，使两者相互影响、彼此渗透。按照建筑空间学的基本规律，城市越希望发挥尽可能大的吸引力，就越应该向使用者提供更多的应用可能，这一原则对于文化建筑综合体来说同样适用，内部公共空间承载的功能越多，能够吸引的人群也就越庞大。文化艺术中心在设计时应该首先为人们提供优美的内在环境，让人在其中感到自然舒适，满足基本的情感需要，只有这样，人们才会对文化艺术中心产生持久的兴趣和注意力，由此延伸出更多可能性。当从室内向周边城市空间延伸时，内部公共空间（比如文化艺术中心的中庭空间等）就会被赋予强大的聚合力及综合效能，可供人们在内部开展娱乐、休闲、社交、观赏、互动等多种闲暇活动，这一点很像传统的城市广场。为了确保建筑格局不干扰正常的交通运转，保证城市交通的便捷通畅，建筑的公共空间应该以内在结构为骨架，在为公共交通留出活动空间的同时，还能够发挥内部公共空间（道路、广场、中庭、垂直交通核等）的作用，形成建筑物内在的动脉，这样一来，原本复合冗杂的建筑功能、抽象的空间都能够被具体化、形象化地表达出来，获得鲜明的识别性，便于大众认知和理解。设计者对于文化艺术中心内部的考量，必须充分结合类似于城市所必需的公共空间，确保内部空间拥有清晰且完整的布局结构。此时，该文化建筑中心在城市环境中所起的作用远远超出了建筑功能的范围，它不但在建筑与城市之间起到过渡的作用，还能够以其多元化、趣味性的作用吸引、集中市民，让人与建筑、建筑与城市之间的关系更加紧密和谐，形成一个有机的整体。

4.4.5.3 文化艺术中心的内部职能空间

传统的文化中心内部空间，一般发挥的是定向性功能。然而，有些设计师在设计时，出于方便使用的考虑，习惯为室内加备其他动态功能（这些功能往往比较具体），同时，按照功能非常精确地分割室内空间。在后续的管理和使用环节中，这些空间理论上都互不干扰。即使文化艺术中心暂时不面向公众开放和使用（比如已经闭馆，或者在节假日期间闭馆），这种按照功能划分的界限还是照常显示不同部分的功能，封闭场所和公开场所不会混淆，也就是空间边界依然不能模糊化。这种方法体现了一种相对传统的建筑理念，建筑内部的功能区会被严格地区分开来，所以，参观者在进入馆内时，也会有一目了然之感；而且，不同分区之间的通道网络也比较通畅，便于定位和行动。然而，有些中心的功能定位较为不同，可能需要全时间对外开放，这样，部分建筑空间实质上被浪费了。

随着生活观念的变化和建筑理念的变更，人们对于建筑内部的空间模式有了更加深刻的认识，逐渐意识到原有的固定分割功能已经无法满足大众的需要了。

所以，越来越多的建筑师开始采用动态的观念，将人的多种目的活动规律作为建筑实用的标准，着眼于为有限的空间赋予灵活多变、性能丰富的设计。在这样的观念指导下，室内空间逐渐摆脱了原先单一的格局样式，朝着多样化功能不断发展；空间性质的统一性越来越明显，脱离了原有的独立格局，从刻板走向灵活，从封闭走向外向。相比定向性功能空间而言，多向性功能空间为了更好地满足现代人的生活和文娱需求，发展和设计的趋势越来越体现多内容、多形式的原则。在当代文化中心的设计中，很多建筑师都采用新颖的建筑理念，致力于探索和建构多功能性质的建筑空间，推出了一系列作品。随着时间的推移，这些多功能的开放空间设计在应用实践中逐渐证实了自身的价值，无论是在面向人群取得的效果还是运营经济效益方面，都收获了相当理想的成效。

5 地域文化与城市文化建筑的关系

5.1 地域文化在城市文化建筑中的地位与作用

5.1.1 地域文化在城市文化建筑中的地位

面对多元文化的冲击，各国原本彼此独立的文化日渐交融，社会各界的人都能通过高度发达的现代通讯手段，近距离接触他国文化，在沟通与探讨中将文化传播到世界的每一个角落。地域文化和民族文化在这样的时代浪潮前，经历着前所未有的考验，建筑文化当然也包括在内。地域传统建筑和室内设计的民族性被"国际性"所取代。但这并不意味着是对"国际性"设计的全面认同。国际建筑大师安藤忠雄针对全球化带来的文化和建筑负面效应时曾提到，"国际化也可以被称作普遍化和标准化，对文明来说还是有益的，对文化则是有害的。因为文化只有在与普通化和标准化相对立时才得以存在。……我深信建筑不属于文明而属于文化，建筑存在于历史、传统、气候和其他自然因素构成的背景之中。"首先我们得承认"国际性"的设计先进的理念及技术对社会发展的贡献，但也要认识到其空间本质只有与当地的文化相结合，才会产生出优秀的设计。只有处理好全球性和地方性、共性与个性的对立统一的关系，才能使我们的设计既是民族的又是世界的。因此，城市文化建筑的地域化必定成为世界文化发展的结果。

城市文化建筑一直作为国家和民族最直观、最鲜明的代表，从一个地区的建筑风格和工程水平中，人们可以窥见当地的历史传承与文化特征，评价该地延续至今的文化建设成就。建筑文化是一种紧密联系人类社会而发展的文化，同时又反过来推动人类文明不断演变、进步、繁衍，是一个国家、一个民族发展史中不可分割的一部分。城市文化建筑的形成受到人类文明所处环境的自然条件、历史背景与人文气氛的影响，随着人类生活的变迁不断演变。城市居民所承载的多种影响因素，如经济、宗教、历史变革、民族文化等，都会影响建筑的变化，其特征会潜移默化地渗透在建筑发展之中。

中国作为地域广袤的国家，各个地区气候和地形差异极大，华北平原地势少有起伏，西南山区则山势陡峭，连能建房的地方都极为缺少。当10月份南方还处于天气炎热的时候，东北的一些区域已经开始飘雪；当南方的山区暴雨如注的时候，宁夏甘肃的一些地区却干涸少雨。建筑最开始是用来为人们遮风避雨，躲避野兽侵袭的居所，不同地方的气候不同、地理条件不同，民居特色不同也是合情合理的。没有解决当地问题的民居，面对成百上千年中的自然灾害是很难生存下来的。民居在建造过程中，需要解决的首要问题就是适应地势、气候、土壤等制约因素，由此形成了丰富多彩的地域特色。

首先，建筑应该有地形地势的适应性。中国从北到南、从东到西，地形差别相去甚远，在湖南、贵州、重庆地区有着大量吊脚楼的存在，吊脚楼常建筑在河边或者山地上，建筑采用木结构，底层架空用来饲养牲畜，二层做火塘，可以理解成客厅，做待客之用，二层之上为卧室。南方山区多洪水猛兽，这对于古时的人们是巨大的威胁，吊脚楼将一层架空可以说完美地解决了这个问题，还解决了基地开挖的问题。常规方案需要平整地基，土方工程巨大，吊脚楼则避免了这个问题。

其次，建筑还应有自然气候的适应性。北方农村的火炕是非常有名的地方产物，暖气在农村普及也不过 20 年左右的时间，火炕可以说是在没有暖气的时代人们面对寒冷的最大利器，现在很多北方人在建房时都会留一个炕，这已经成为人们的习惯。北方由于太阳高度角较低，需要更大的日照间距，所以北方院子就更大一些。南方民居普遍都是小天井，天井具有优秀的拔风功能，在炎热的夏季能够起到简单的扇风乘凉作用。这些都是人们为了适应不同的气候而产生的建筑形式。

另外，建筑材料还具有本地化特征。传统社会没有工业，任何建筑材料的获取都是需要付出极大体力劳动的，从砖到瓦都要自己制作，木头甚至要从山里砍伐再运回来，交通运输耗资巨大，普通民众更是无法使用，这就决定了建筑材料必须就地取材，北方地区树木少而泥土多，自然而然的人们就开始使用泥土来建造，从夯土到土坯再到砖就这样逐步发展起来，以至于我们现在看到的大部分北方民居多是砖结构与木屋架的组合。南方资源要更丰富一些，泥土和树木都有，各个地区根据自身条件发展出不同的民居风格，土、木、砖皆有。

再次，建造技术会呈现本土化特点。每一个地区传统建筑的建造方法是类似的，做基础、砌砖、上梁、搭瓦屋面，一个村子里的房子大体上是相似的，因为可使用的材料、掌握的技术与人力条件没有什么区别。为长远的生活着想，壮劳力往往倾向于掌握熟练、准确的手艺，可以说，在这样的环境下，每个人都是设计"专家"，不同人家只是大小、材料、高矮略有不同而已——人们都希望参考成功的先例设计自己的房屋。但是，每个地区的"专家"又有所不同，黄土高原上的居民擅长挖窑洞，湘西居民擅长建吊脚楼，川西居民擅长建碉楼……每一个地区的手艺代代相传，传承至今。

最后，建筑会体现当地居民生活的差异性。在过去，不管城市还是乡村，一个聚落就可说是一个包罗万象的小世界，婚丧嫁娶、休养生息都是在这里发生的。但是这些生活习惯和习俗具体到每一个地区、每一个村子，又会有差异。江南地区水网密布，每家每户都有一个小码头，出门也多乘船；北方部分地区用的是平屋顶，建筑材料用矿渣、土、石子混合而成，屋顶本身就需要晾谷场，在南方这种方式建造的平屋顶防水性能不足以应对频繁且大量的降水，晾谷场多在院内或田间。

由此可见，民居的建筑特色是在千百年的时间长河中，经历了时间考验的，集合千千万万老百姓的智慧而成，是我们祖先在这个地区生活过的证明。一个人的国籍与民族，可以通过其外貌形体、使用的语言文字、生活习惯、思维方式、精神信仰等来证明，这是一种宏观的记忆传承。但是，应该用什么证明某人来自哪个地区呢？什么事物可以承载父母辈的记忆与乡愁，为人们寄托家乡的记忆呢？如果说有的话，民居是其中非常重要的一部分。虽然现代的建造技术和建造材料已经具有普适性，可以在全中国的任何一个地区使用相同的技术，但是，就算技术能够趋同，每个地区的气候、地理条件、生活习惯依然千差万别，如果说地域特色不重要，那岂非全世界的建筑都应该采用同一种造型？显然不是的，尤其是在欧洲，人们可以轻易区别不同地区的建筑。

综前所述，城市文化建筑之所以具有特殊的文化内涵，必然是因为其设计能够体现所在地区与归属民族的历史沿袭，包含深刻的内在文化特征。

中国有着五千年的灿烂文化，地域宽广，经过几千年的积淀与历史的演变，不同民族的历史文化、生活方式、审美情趣、价值观念不同，为我们设计独具本土特色的城市文化建筑提供了取之不尽、用之不竭的源泉。在城市文化建筑设计中研究项目所在地的自然因素、人文因素，将这些独具个性的地区文化特色融入设计中，体现文化建筑的地域性特色，不仅可以丰富设计内容，展现文化内涵，也可以为我们传承我国优秀的传统精神文化和物质文化提供保证，从而带给人们感观上的享受和精神上的归属感。

5.1.2 地域特色与城市文化建筑的相互作用

5.1.2.1 地域特色对于城市文化建筑设计的意义

现代社会的文化、科技高速发展，经济以惊人的速度发展。很多人都在日益普及的高新尖端科技当中获益，日常生活以肉眼可见速度产生着革新和变化。仅以通讯手段来说，发达的信息网络连接着不同国家、不同地区的居民，借助互联网，人们可以随时随地与世界每一个角落的居民进行跨空间沟通，而世界各地的文化也在这个过程中交汇、碰撞和融合，产生多元的、体系庞大的现代文化，人们可以在生活中接触更多丰富而充实的文化产物，为精神世界渲染人文色彩。

但是，信息化社会在孕生新的时代面貌的同时，会产生不可忽视的负面影响：无论是在现实生活中，还是在文化娱乐中，人们都越来越倾向于直接借鉴甚至复制世界先进理念，缺少自己的思考与选择。这种风气也影响了建筑领域，世界各大城市的建筑都存在"千篇一律"的问题，只追求实用性或标新立异，失去了寄托本土文化的地方特色。面对这些所谓的"现代化"建筑，人们已经难以从中获取地域认同感与乡土归属感，在精神世界内感到无所适从。长此以往，城市的历史脉络面临断绝的风险。为了应对这一"城市文化危机"，人们开始重新审视所在城市的地域文化，并予以高度重视，力求通过城市建筑还原一座城市的本质属性——地域性。

在全球文化趋同发展影响下，地域性建筑设计逐渐成了现代社会的一种文化风尚，从20世纪下半叶开始，拉美的部分国家率先产生了"地域主义"这一建筑概念，很多建筑设计师都尝试为设计融入本地的文化符号与文化特征。后来，地域主义在"批判性地域主义"等理论的支持下，逐级发展壮大，衍生出许多全新的建筑理念，如"当代乡土""新地域主义"等。后来，又有学者尝试令这些概念回归广义的地域性建筑。

从其名称就可看出，批判的地域主义作为一种风潮，包含着强烈的自我主张，作为一种建筑理念，体现着设计者们的独立意识和能动心理。不过，需要注意的是，它主要强调由固有的场址来决定建筑的形态，而非一味地突出和放大单个建筑——因为这类建筑无论是从造型上还是从功能上，都只考虑独立发挥作用，凸显设计者的个人风格，几乎没有考虑周边的场址。

批判的地域主义不可避免地要夸大特定场址的要素，这种要素包括从地形地貌到光线在结构要素中所起的作用。

批判的地域主义被理解为是一种边沿性的建筑实践，它固然对现代主义持批判态度，但它拒绝抛弃现代主义建筑遗产中有关进步和解放的内容。

批判的地域主义不仅仅夸大视觉，而且夸大触觉，它反对当代信息媒介时代那种真实的经验被信息所取代的倾向。

批判的地域主义夸大对建筑的建构要素的使用，而不鼓励将环境简化为一系列无规则的布景和道具式的风景景象系列。

批判的地域主义固然反对那种对地方和乡土建筑的煽情模拟，但它并不反对偶然对地方和乡土要素进行解释，并将其作为一种选择和分离性的手法或片断注进建筑整体。

随着建筑理论的多元化发展，产生了上述的一系列的相关理论，但是，其他系列理论在中国这块建筑实验田并没有取得太多的战绩，相反，责难是主要的声音。本书的观点是：分析和建筑相关的最直接的地理因素不足于表达建筑本身所要代表的建筑语言和内容，其他从诸如地域性、历史文化、经济、政治、当代社会背景等对中国建筑产生的影响，也许是另一种状态，可以承载更深刻的表现。正在发展中的广义的地域建筑设计固然还是那么脆弱，但是，分析开题提到的多方面的设计背景，也许有助于设计实践。

建筑的地域性既指相对地域，也指绝对地域，例如广州新博物馆，地域上的分析既要考虑它选址地点的地形、地势水流等，也需要考虑相对的广州本身所处的岭南地域的天气、文化等；又如北京国家剧院设计地域上的分析，作为设计师必须分析整个北京规划、局部环境、周边环境、水文状况、整个国家文化背景等。有很多人相当欣赏建筑师安德鲁的作品，但是对北京国家剧院所做的方案，也有人以为，从地域性来说，还有很大的商榷余地。例如：资源贫乏和不可再生资源的消耗及维护它的正常运作的能源消耗、北京的风沙、周边文脉的协调性、规划的容积率、设计形态的比例和周边环境对地域文化的新挑战、整个国家的相对地域哲学文化的认知、当代意识流的瞬时性和前瞻性等方面。当然，在方案中，主观意识和客观政策依然起到主导功能，有很多专家学者都发表过反对意见，这里无需繁述。

如何建立现代地域建筑的理论，设计出具有批评意义的建筑，是摆在每一位建筑师眼前的一项十分艰辛，然而又是十分迫切的任务，深度地探究绝对地域意义的建筑设计，也许有积极意义。

5.1.2.2 城市文化中心促进地域特色的展示、传播和融合

人们总是对传统的、地方的文化有着特殊的情感。地域特色是在特定时代背景、地理环境、技术条件下形成的。例如北京四合院、西北窑洞等。地域特色固然可以让城市更与众不同，但如果是为了不同而不同，过于形式化，也没有必要。建筑批量化生产会造成浪费。但各大景区可以保留地域特色。所以，要适应时代发展节奏、趋势，但不能刻意求新，求怪，中国各地建筑的地域特征明显，我们应该认真对待。

大部分地域特色是形式的，是一种仪式或一种文化符号，对于中国传统美学来说是不可缺少的一部分。

5.2 地域文化在城市文化建筑中的设计定位

通过上述的分析可以认识到，城市文化建筑在满足对环境的基本设计要求以外，更为重要的是要充分考虑文化历史背景、自然气候条件，以形成乡土与时代感并存的建筑形象。

5.2.1 地域文化的选择与目标群体的环境文脉相协调

任何一种设计语言都不可能脱离环境而独立存在，它在环境中产生，在环境中发生作用，也在环境中传达意义，环境构成了形式语言的意义背景或文脉，并赋予它生命。每一个地区都有其独特的自然条件、风土人情、文化传统和意识形态乃至信仰和偏好，通过对所在地区环境文脉不同视角的表现，并以此作为设计

的切入点，是地域文化在城市文化建筑中最富于表现力的表述方式之一。建筑师在考虑作品的地域文化时，需要合理地选择文化元素，首要的标准应该是和目标群体所归属的环境文脉相适应。为了满足这一要求，不仅要构建基本的建筑格局，而且还应该选择有意义的、适应场所脉络关系的形式，我们选择的色彩、材料、照明、陈设、家具的布置等应在满足场所所需的特定要求的同时表达其文化的特征。

在影响和决定地区建筑风格的自然因素中，气候条件是一个最基本，也是最具普遍意义的因素。金昌市文化中心探讨了气候适宜性设计在地域特色表达方面的艺术潜力。金昌市有着典型的戈壁气候，光照充足，降水量少，干燥多风。设计中选定体形系数低、利于吸纳冬季阳光的南向穹壳为设计的原型，并进一步将其划分为南向的气候缓冲区和北向的功能空间两部分。建筑的主要朝向受到场地的限制为西南45°，建筑的西南向界面被理性地分解为西向实墙和南向玻璃交错的曲尺形，这样就解决了冬季吸纳日照和夏季阻挡西晒的要求。该建筑的成功不仅在于对气候做出了适宜性的设计，而且还上升到表达地域文化的范畴。

除了气候条件，再一个很重要的影响因素就是地形特征。尊重原有地形地貌，适应特定的地理环境，可形成独特的建筑模式。如美国枫叶谷图书馆，位于枫叶谷社区附近的林地中，为了能够更好的和周围环境融为一体，而不是取代周围的美景，在设计时让巨大攀藤的枫树环绕图书馆，室内利用天然木材的纹理和角窗设计与室外森林紧密联系在一起，弥补了建筑物的缺陷，使得人们视线仍然集中在森林之中，体会返璞归真的自然感受。

韩国青云大学拥有面山景观，空气清新，构成良好的自然风貌。在图书馆内庭院设计时设计师运用自然风景的优势，碧绿的草地、高低错落的石阶与远处的山景相融合，传达宁静致远的境界。图书馆采用简洁宽敞的大片落地窗形式，天然的山坡环境很好地融入到新的多平台建筑环境中。使读者透过玻璃墙面能遥望到自然景观，有利于消除疲劳。不同楼层的自然光，清新的空气以及景观，为读者创造出适宜读书和研究的美好空间环境。

5.2.2 地域文化的选择与历史文脉相契合

历史文脉是一个城市、一个国家历史保留下来的文化积淀，是一种文明的渐进延续，是历史与文化的积淀，折射出社会历史时代的风貌。生活在不同区域的人们由于地理环境、气候特征、乡土气息、地方风格、民族特色等的不同，创造着具有相对的地域性、历史性、民族性、宗教性等特点不同的历史文脉，形成了灿烂的地域文化特色。地域文化以一定的历史文化为依托，并伴随着经济文化的发展而发展。

在城市文化建筑设计中，从地域传统与历史文脉中寻求鲜明而独特的切入点，取其精华去其糟粕，是对历史的尊重、对传统文化的表达。其介入方式是与空间的类型及功能相互协调统一，贴合不同地域的历史文化的内涵，通过空间、色彩、材质、陈设、装饰图案、家具设计产生一定的富有民族性的文化内涵，达到隐喻性、暗示性及叙事性以突显其地域的特点，从而有效地传达出不同地域的独特魅力。

以北京首都图书馆为例，新馆建筑造型借鉴了中国的传统文化，在图书馆入口处，大片玻璃幕墙上特别制作了旧馆国子监"辟雍"大殿的剪影造型，这一独特的设计表现了首都图书馆对历史文脉的传承，也隐喻了迈进知识的大门。建筑主体设计也加入了新的内涵，立面像一本展开的书，两翼檐角如翻开的书页形状，高雅、庄重，是现代形式与民族传统形式的结合。

以 1950 年建成的墨西哥大学图书馆为例，这是一幢拥有数百万册藏书量的书库，该建筑要求密闭和不开窗，设计师抓住其功能特点，在主楼外墙上用马赛克镶嵌壁画，每面墙都是一幅独立的巨幅壁画，四面墙的壁画又互相关联，共同组织成墨西哥各个时期的历史和文化图像。北面墙壁以鹰蛇图案为中心，表现西班牙占领前的墨西哥传统文明；南墙是近代殖民地时期，环绕着西班牙卡洛斯五世的盾徽；西墙中心以墨西哥大学校徽为中心，标志着 1910 年革命后的现代墨西哥文化；东墙的壁画以卫星图案为中心表示墨西哥的未来远景。整体看上去，建筑简洁，各部分互相对比，互相衬托，相得益彰，是传统历史文化与现代艺术相结合的典范。

坐落于上海市浦东新区的东方艺术中心，是法国建筑设计师保罗·安德鲁的杰作，其设计不仅体现着浓厚的现代气息，而且鲜明夺眼，与上海这个国际大都市的城市形象相适应，并且也提升了上海的文化品位和艺术气息。从高处俯瞰，建筑外观就像是五片绽放的花瓣，这五个部分依次承担不同的功能，分别为正厅入口、演奏厅、音乐厅、展览厅、歌剧厅。整个建筑的外围覆盖着一层玻璃幕墙，白天，这层幕墙不透光线，给人以神秘封闭之感，形成一种强烈的视觉冲击，但夜晚内部的光线可以更好地透出来，整个建筑显得玲珑剔透，尽显艺术的魅力。东方音乐厅有 1953 个座位，可满足大型交响乐团和合唱团以及各类独唱、独奏音乐会的演出要求。由舞台灯光形成的峡谷，围绕在舞台四周，围绕着暗色的山丘状的观众席。东方音乐厅内摆放着管风琴，为因地制宜、度身定做的，由奥地利 Rieger 管风琴行制作。自 2005 年以来，上海东方艺术中心请来奥地利和德国的 10 多位专家进行安装、调试。这台采用双控制台技术的管风琴，演奏家在弹奏时能借助外部电子控制台看到指挥的手势，同时观众可观察演奏家弹奏时的姿态动作。东方歌剧厅舞台是整个剧场的核心，采用国际上通行的"品"字形舞台。并拥有一个由两部分组成面积为 120 平方米的乐池，可容纳 100 人的交响乐队。中心演出区域舞台则拥有侧车台，15 米见方的大型车台、冰车台、芭蕾舞台，直径 14 米的行走式转台，5 块双层电动升降舞台等功能。这些功能舞台通过电脑控制可以升降、旋转和移动，能够完成复杂的剧幕场景变换，满足歌剧、芭蕾、话剧、戏曲、音乐剧和综合文艺演出的不同需要。

5.2.3 地域文化的选择受经济和技术的制约

要构建理想的建筑艺术，必须以稳固的物质条件作为基础。纵观世界各地的建筑演变史，不难发现：无论何时何地，经济和技术条件都是建筑构造的支撑基础，同时也限制着建筑的样式，在各种艺术风格的产生、演变与发展成熟中，既是可能性的来源，也是约束的条件。总体上来看，建筑艺术的创造永远无法脱离所处时代和地区经济的发展程度、技术的变迁，为地域文化建筑提供了更为广阔的可能性与选择性。

重庆的城市规划工作就是基于其地理情况最终完成的。外地游客在参观重庆时，可以乘坐轻轨越过山川河流，看着下面依山而建的高楼，还有上面高架桥上奔驰的公交车，这种依地势形成（无论是有心为之还是无意而成）的旅行体验是任何地方都难以复制的。

深圳在短短的时间内完成了从一个小渔村变成小城镇再到现在的一线国际化大城市的转变，是十分令人振奋的。深圳多中心的发展，是我国城市规划中非常出色的案例。然而这也是由于历史原因——这个城市没有历史负担，不像北上广在发展的时候要顾及先前留下来的楼宇街道和历史文脉，因此城市空间规划得很自由畅快。市内多条宽阔的高速路完全不需要考虑和两侧建筑的距离，甚至路中间有大树，两侧还有层层叠叠的老榕树。高架、立交也都完全是和周边同时设计好的，非常完备，避免了后期改造的麻烦，还有右转车道、人行区等，都使得道路交通很方便。另外深圳的建筑也都刚兴建不久，规模样式都非常出色。

深圳的城中村也是非常有特色的，自成一个个小小的经济生态圈。但城中村土地的利用和交通连接等，也是比较棘手的发展遗留问题。

苏州老城区内的一片片白墙灰瓦能够给当地人留下久远的回忆，又能给外来游客以"梦想成真"之感。人们仍然生活在这里，经济活动也都在这些老房子里进行，可谓生活与景观的完美融合。类似的还有绍兴，绍兴城里不仅留下了白墙灰瓦的建筑，还留下了交错的水路，夜游绍兴市井，颇有古典韵味。

综上所述，随着生活水准和生活质量的提高，人们对文化建筑的要求也越来越高，文化建筑不仅为人们提供基本使用功能，还为人们提供了精神的享受，提升文化建筑的文化品味。不同空间类型的文化建筑中地域性设计语言的表达具有不同层面的特征，只有全面了解城市文化建筑的环境需求、历史文脉、精神内涵等方面的内容，才能使地域文化更为自如地运用和表达。

建筑外形作为表达建筑师设计理念、展现建筑表现力的重要表现形式，体现了不同地区条件下，人们生存需求的不同。地域性文化建筑作品应在特定时期的特定地点，由特定的历史文化背景和建造技术综合表现。这种表现不是单一的，而是对这一地区文化历史的总结和归纳。对地域性文化建筑创作的理论研究并不是为了单纯追求传统建筑的建造模式，而是在现代自然环境、文化技术等综合因素的影响下，注重建筑的文化气氛、艺术追求，创造出具有现代风格和地域特色的建筑。

6　地域性文化建筑的特性

6.1 时代性

地域文化建筑应重视地区条件的特殊性，并以此作为形成建筑个性和逻辑存在的基础。地域的时代性强调的是在地域性文化建筑的基础上融合时代建筑的一些特征，从而解决现代化过程中建筑所面临的问题。

中国传统建筑文化历史悠久，渊远流长，光辉灿烂，独树一帜。但不像西方那样，具有明显的阶段性。这或许如专家所说的，是文化的超稳定性所致。但就建筑而言，作者认为是建筑功能没有明显改变所造成的。总之，几千年一以贯之。然而，类型的特色却异常鲜明。例如城市、宫殿、寺庙、宅第等，比较充分地体现了以儒家思想为代表的伦理道德观念和封建等级制度，其布局多呈对称的形式。虽然比较程式化，却也因时、因地、因人而呈现出丰富多彩的变化。不过毕竟由于受程式的束缚，在多数情况下还是大同小异。中国的儒家思想虽然也讲礼乐，但理性的色彩却十分浓厚，对思想的禁锢是不言而喻的。另一类如园林、聚落、民居等，则较多地体现道家思想，崇尚自然、返璞归真，其布局则自由灵活，不拘一格。特别是园林，多少带有一点浪漫色彩，在很多方面与当代西方所推崇的观念不谋而合。为了廓清中国传统园林的美学思想，曾以"唯理与重情"为题对中、西园林加以比较，从中可以看出：西方园林所追求的是人工美，而中国园林则追求自然美；西方园林可以说是人化自然，而中国园林则是自然的拟人化；西方园林注重形式美，中国园林则蕴含着意境美；西方园林给人以清晰、明确和秩序井然的感觉，中国园林则朦胧；西方园林更接近于古典艺术类型，中国园林则充满浪漫色彩……凡此种种都充分表明西方园林受理性主义哲学思想影响至深，而中国园林则重在抒情。中国园林具有上述特点，正是前面所提到的与西方当代建筑思潮不谋而合的地方。

改革开放以来，建筑创作水平确有很大提高，然而也还存在着某些不尽如人意的地方。主要表现在如下几种倾向：一种是摹仿西方的建筑形式和风格。这种倾向比较普遍，或者是为了迎合业主的要求，或者认为这类作品就是现代化的标志，殊不知单纯的模仿虽然从形式看有一点相似，但细品味却貌合神离。另一种倾向是模仿我国传统的古建筑,这多出现在一些旅游建筑之中,人们常称之为仿古建筑。且不说某些拙劣的仿制品连古典建筑的基本比例、尺度处理都不到位,即使惟妙惟肖也不会有什么新意,更不要说什么时代气息了。还有一种倾向就是使两者相加或混合,例如在高楼大厦的上部加琉璃亭子,其实,我国的建筑师们在很多年前就曾专门批评这种建筑乱象。

当然,作为发展中国家,由于受到经济和技术水平的限制,加之又具有不同的文化背景,显然不能以西方发达国家的标准来衡量我们的建筑。但是也不能以此为由来拒绝学习国外先进的东西。要想创造具有时代性和民族性建筑的新风格,必须是在学习先进设计思想、观念和技巧的同时并使之植根于本土文化,从而使两者融为一体,只有这样,才能创造出既具有时代感又具有鲜明地域特色的新风格来。

6.2　表现性

建筑表现是基于艺术设计基础之上的,但有区别于其他艺术(尤其是绘画),它需要考虑待建设中的建筑空间尺度、物体造型、环境气氛、材质肌理等,因此,建筑的表现力阐述应以绘画理论知识为依据,运用绘画的基本观察方法所观察到的物体在不同色光照射下物体产生的形象、色彩等因素,让表现图与实际中的形象吻合起来,使画面中表现的待建筑空间具有实际空间所显现出来的形、色,这是一个从认识到描摹到记忆再到再现的过程。因此,要掌握表现图技法,就必须有很强的专业观察能力和绘画表达能力。

建筑表现的效果必须符合建筑设计的造型要求,如建筑空间、体量的比例、尺度、结构、构造等。准确性是表现图的生命线,绝不能脱离实际的尺寸而随心所欲地改变形体和空间的限定;或者完全背离客观的设计内容而主观片面地追求画面的某种"艺术趣味";或者错误地理解设计意图。表现出的效果与原设计相去甚远。准确性始终是第一的。

建筑造型表现要素符合规律,空间气氛营造真实,形体光影、色彩的处理遵从透视学和色彩学的基本规律与规范。灯光色彩、绿化及人物点缀诸方面也都必须符合设计师所设计的效果和气氛。

建筑表现力的艺术魅力必须建立在真实性和科学性的基础之上,也必须建立在造型艺术严格的基本功训练的基础上。蓝图绘制方面的素描、色彩训练，构图知识，质感、光感调子的表现，空间气氛的营造，点、线、面构成规律的运用，视觉图形的感受等方法与技巧必然增强表现图的艺术感染力。在真实的前提下合理地适度夸张、概括与取舍也是必要的。罗列所有的细节只能给人以繁杂感，不分主次的面面俱到只能给人以平淡感。选择最佳的表现角度、最佳的光线配置、最佳的环境气氛，本身就是一种创造，也是设计自身的进一步深化。

建筑表现艺术性的强弱，取决于设计者本人的艺术素养。不同手法、技巧与风格的表现图，充分展示作者的个性，每个设计者都以自己的灵性、感受去勾勒所有的设计图纸，然后用自己的艺术语言去阐释、表现设计的效果，这就为一般性、程式化并有所制约的设计施工图赋予了感人的艺术魅力。

地域性就是文化建筑设计的一种表现，利用各种创作方法、当地的材料等，表现当地的传统和特色。安藤忠雄曾说过"在建筑师肩负的众多责任中，最重要的便是展示文化，最大的责任是传承文化，要让大家都知道，每个国家拥有与众不同的文化。""民族性不等于民族传统，民族传统不等于民族遗产……民族遗产是固定的，民族传统是历史的，民族性却是活生生的现实。"虽然传统本身已经成为历史，不再具有创造性，但是传统却可以参与现代创作。在地域文化建筑的创作过程中，我们就可以通过多种方法来表现民族性。

6.3　思潮性

通过对众多地域建筑设计师和理论家的研究，不难发现地域性建筑创作具有一定思潮性，城市文化建筑当然也不例外，它旨在在设计中体现地方传统，这种思潮本身即是一种反国际化、反复古的。但它并没有形成一个学派，没有固定的模式，没有固定的建筑特征，甚至说连固定的定义也没有。地域性文化建筑的创作是一种思潮，其层面相当之广，不仅包括了建筑，更包括了景观、小品和城市规划，这些地域性建筑的创作方法本身也是一个复杂的综合的过程，它也需要将规划、建筑、景观设计与当地的自然、人文结合起来考虑，它也没有固定的设计风格和手法，因此它并不能上升到学派的高度。

7 地域性城市文化建筑造型表达的策略

7.1　准确认识地域性文化建筑的表征

7.1.1　以功能为基础

不同类型的文化建筑其功能性是具有一定差别的。我们以人和物为标准暂时将文化建筑中的基础功能和衍生功能分为内功能与外功能。

7.1.1.1 内功能

所谓内功能，我们暂定为以物为中心的功能要求，即城市文化建筑中所出现的内容与主题。例如博物馆中的展品、美术馆中的作品、图书馆中的书籍等。依照不同的类型，内功能涉及地域文化元素表达的并不多。

7.1.1.2 外功能

我们将外功能划定为以人为中心的功能要求。可以说现代城市文化建筑的各个基本功能都与人息息相关。经济、娱乐、休闲、宣传、观光、创造这些功能的实现都将受益于地域文化建筑表达。许多城市利用文化建筑带动地方经济发展，提高人们的精神归属感，丰富市民生活，普及科普知识。这些都要通过因地制宜、因时而需的地域文化建筑的表达来实现。

7.1.2　以形态为表现

7.1.2.1 地域性特征外显的文化建筑

一般来说地域文化包含了三个层面：自然环境、人文环境和社会环境。这三个层面的信息都决定了地域文化的发展。

自然环境包含了当地特有的地形地貌、植物、水、气候等条件，直接影响当地的自然景观，给人最直观的地域特征。人文环境则包含了历史文化、观念习俗、过去的产业遗迹，等等，这些在景观设计上可以表现为建筑风格，空间环境的布局，等等。社会环境则是包含特定的社会组织、经济环境等。

其实，除了文化景观，现在常见的后工业景观，纪念性景观当中都有体现场地地域文化的因素。后工业景观着重于更新与发展，在找到新的标识的同时也保留历史的痕迹。纪念性景观也常常会带入某一事件性的元素，引发人们的回忆与思考。

位于湖南湘西凤凰县的中国苗族博物馆就是将过去当地吐司的宅邸修复改造后形成的。不仅可以看到原有的建筑形式，而且可以亲身感受建筑的场所氛围。利用旧有建筑改建而成的"再生型"文化建筑也存在许多不易解决的矛盾。作为现代建筑类型，文化建筑中有许多新的功能要求及现代技术设备的要求，如采光、通风、交通流线组织、空调设备安装、防盗、防虫等。而这些旧有建筑难以适应新的功能要求，如果利用不当，对展品、对书籍、对古建筑都会造成使用性的破坏。

建于昆明滇池旅游度假区的云南民族博物馆，是一座保存和研究民族文物，展示云南 26 个民族丰富多彩的民间艺术和民族文化遗产的殿堂。馆区占地133 300 平方米，建筑面积 28 692 平方米。为了保护风景区的自然环境，减小建筑的体量，建筑采用分散式的布局，将整个博物馆分散为展览馆、藏品馆、科研及办公楼、生活用房、表演作坊等许多部分。在展览馆的造型中，将传统的穿斗构架进行简化，用在外立面的轮廓上以体现其民族性。在建筑的一些重点部位采用包含古滇文化内容的装饰，如仿长脊短檐屋顶的装饰构建，正端入口墙面上的吞口图案铜雕、台阶两侧的铜鼓饰座等，通过云南民族传统建筑符号的运用，赋予建筑一定的地方文化内涵，创造出一座具有民族特色的现代建筑形象。

7.1.2.2 地域性特征内蕴的文化建筑

地域建筑最忌讳的就是只看重形式而忽视材料和建造，这样反而本末倒置，所谓的园林、马头墙、粉墙黛瓦这些具体的形式元素本身都不重要，重要的是这些形式产生的内在逻辑，即材料、建造及对气候与场地的应对，从这一点来说，不存在所谓的"流派"，或者说全国各地遍布我们"流派"，并不局限于某一种。流派或风格是将形式符号化的结果，这其实是经济运营商倾向于使用的名词，目的在于让观众产生某种对建筑本身所不具备内涵的联想，实质已经完全不同。所以有些观点是，成熟的建筑师并不考虑建筑的"风格"，也不会承认自己属于某种风格。

事实上，地域建筑首先是地域性自然条件的基础上、以本地的材料及其适用的建造方式发展的结果，形式本身只是这个过程的附属品。西北的生土建筑和窑洞、青藏的干垒碉楼、西南的吊脚楼、北方各式各样的合院以及江南民居和园林，莫不如是。就以园林为例，江南不仅有苏州园林，还有杭州的园林，无锡、扬州、南京的园林，甚至岭南的园林，其实在中国，只要有文人士大夫聚集的区域均曾经有过园林，这就是中式园林的来处。如果只是因为某种范式成就高、有名气，就忽视其他区域的探索，则太过狭隘。

深圳何香凝美术馆的设计是一个非常有代表性的案例。美术馆位于繁华的深圳华侨城深南大道南侧，主入口朝向深南大道，建筑自身毗邻许多艺术文化街区。这一地理位置的选择，主要是出于交通、交流、宣传等方面的考虑。设计师为了减少外界因素造成的干扰及其他不利影响，将建筑整体设计为"内向性"，使空间具有收敛的"性格"，如果更详细地描述，则可以认为与传统的四合院结构有些相似。美术馆的基地与深南大道有 4 米的落差，建筑主体后退场地，同时利用高差创造下沉广场，建筑办公及附属功能置于一层，主要展览功能置于二层。利用"旱桥"把人流引入二层入口。一座旱桥成为了建筑前奏的起始点，良好的视觉效果同时也增添了参观者在进入建筑室内之前的游览体验，增添了建筑主入口空间的前奏层次感。下沉庭院入口并不明显，而是通过在人行道一侧的直跑楼梯引导人流下到庭院，同时注重利用右侧连续墙体的线性引导，左侧随着高度的降低视野逐渐向院落打开。同时在庭院空间处理中注重多元素置入：景观绿植、雕塑、座椅，有意识地引导路径，并注重广场的可停留性。在靠近建筑一侧，建筑与地面相接处，放置无边界水池，使建筑与场地柔性相接，增强建筑的轻盈感，漂浮于水上；同时使人在进入建筑过程中体验空间层次变化；建筑与弧形片墙倒影于水中，借助天光与云影，更加强化整个美术馆的艺术氛围。建筑入口处第一个中庭，建筑师并没有完全按照传统四合院空间处理，而是基于传统布局的基础上把室外庭院转译为室内中庭，屋顶采用玻璃天窗采光，在满足室内采光的同时作为展览的集中性介绍空间。有趣的是建筑师依旧在暗示这个空间的属性，甚至在周围模仿游廊的空间状态与传统木质门窗，增加空间的趣味性，暗示整个建筑传统的现代感。美术馆第二个中庭判断建筑师选择了室外的庭院营造，白色石材、玻璃、白色柱子，在一个纯色环境中仿佛中国画中的写意空间——留白。同时在柱廊空间下营造中国院落的游廊空间，但也同时赋予其现代性：作为可供休息、交谈的灰空间。

在该馆的设计中，建筑师没有生硬地套用传统元素，没有让"文化"成为单一的符号，也没有刻意追求"复古"风格，而是精心策划馆内空间的分布，用空间布局、采光变化、建筑脉络等元素来传递中国建筑空间的传统美学。从外表来看，这座美术馆似乎和其他现代建筑没有什么区别：简洁素净的墙面色彩、方形砖石重叠组合、玻璃雨篷、飞梁、弧形墙面等。但顺着设计师自然留出的参观流线进入美术馆内部，观赏者就会随着内在景物的变化，逐渐感知并欣赏这座建筑看似朴实无华的外表之下所隐藏的传统四合院设计理念，深入领会设计师希望寄托的典雅美学。美术馆建筑面积 5000 余平方米。其建筑设计力求体现何香凝女士一生的品格和庄重、实效、适度的原则。宽广的广场，与中国民俗文化村西门入口相连接，是人与人交流、活动的生活化空间，也成为该建筑的前奏曲。何香凝美术馆和传统的美术馆风格不同，整个空间是大片白墙留白，加上玻璃窗通透，光线充足。馆内设计由简约的白、灰、原木色等基础色搭配建成。历史画作与现代建筑的相互交融，传统中带着点现代感，形成独特的韵味。外观凹进的墙面与凸出的玻璃盒子形成强烈的对比，长长的弧形墙面上开出长方形的洞口，墙后青翠竹随风摇曳。

7.2 理性制定建筑设计原则

7.2.1 宏观定向

7.2.1.1 与城市环境相和谐

当代城市愈来愈像一座巨大的建筑，而建筑本身也愈来愈像一座城市。城市文化建筑创作面对的不是较为单一的自然环境，而是复杂的城市空间结构。如果过分强调建筑的形式仅仅为其内部空间所有，而不考虑它对城市空间的影响和控制，势必造成城市空间的无序和失衡，城市的地域性特征也因此消失，那么建筑的地域性价值更是无从谈起。

福斯特设计的法国加里艺术中心既符合了城市的历史背景，尊重了场地的空间环境，又保持了自己的一贯设计风格。基地毗邻一座受到严格保护的文化遗址——卡里神庙，整个艺术中心的外观给人们一种开敞、轻质而沉静的建筑形象。面向神庙的立面采用的基座和纤细的柱廊与神庙产生了某种微妙的呼应。艺术中心把周围的城市生活纳入其中。在一定的空间范围内，福斯特赋予了加里艺术中心一系列的城市职能，使得建筑设计融入城市设计当中，利用现代建筑手法在历史环境中进行新的创作。

7.2.1.2 有机的建筑形态

传统意义上，有机建筑可归为一个现代建筑流派，代表人物是以沙利文、赖特为首的一群美国建筑师。该流派认为建筑的形式、构成都可以从自然中获得启示，应当从内在因素出发，但这并不是简单地模仿自然界的生物。"有机建筑"含义更注重的是从自然中汲取有生命力的形式，根据空间特有功能、条件，形成一个可以贯穿建筑每一个细节的理念，使得建筑成为一个互相支持、不可分割的整体。对于当今的建筑设计师们来说，"有机建筑"能给作品及项目带来什么新颖的借鉴点呢？下文从"有机建筑"的哲学含义出发，结合具体案例了解"有机建筑"的切入点和设计要点。

"有机建筑"这个理论相较于近些年建筑圈热度很高的"TOD"、海绵城市、交互建筑等话题，略显"old school"，搜索出来的许多涉及"有机建筑"的表现手法仿佛局限于在设计建筑时结合景观，营造"建筑是自然地从土地里长出来"的感觉仿佛也是停留在空喊口号的阶段。其实，"有机建筑"在今天有着更广泛的含义。任何体现出"有机体"的特质的建筑都可以说是受到了"有机"的影响。

"凿户牖以为室，当其无，有室之用，故有之以为利，无之以为用。"
——老子。

上面这句话出自《道德经》，意思是建筑如果没有门窗等凿开的地方可以进出、通风、采光，就无法正常使用，其实这也是从哲学层面说明"有"和"无"的关系是相互依存的、相互作用的，有时候那些不易觉察的细节起到了至关重要的作用。

要明确"有机"在"有机建筑"这个词组中指的不是生物学上的"有机"，

相反，它是从生物学科中引用来的。"organic"一词指的是"integral"（使一个整体完整的必要；必不可少的；根本的）或"intrinsic"（自然归属的）。

有机建筑（Organic architecture）设计的要点可以从以下四个角度出发：汲取自然肌理、对一些基本形态进行有机组织、让建筑不露痕迹地融入环境、让空间根据功能需求相互交融与妥协。有机建筑总是被简单地理解为"乡土建筑"又或者是形态取自自然万物。诚然，黄金分割、对数螺旋形，生命循环的基本曲线等都给予建筑师无限的启发，但是将"有机建筑"的定义止步于此便限制了更多的可能性和解读。我们往往都只注意到了实有的东西及其作用，而忽略了虚空的东西及其作用，殊不知，正是各个看起来无关紧要的细节构建成了实用的整体。在建筑设计中，将这些看似"虚空"的设计用来辅助建筑系统的日常运行，必将成为的趋势。

7.2.2 微观深入

7.2.2.1 个性的立面造型

立面指的通常是建筑物的外墙，这个词来自法文，意思是房子的正面或面孔。简单来说，建筑和建筑的外部空间直接接触的界面，以及其展现出来的形象和构成的方式，或称建筑内外空间界面处的构件及其组合方式，就是所谓的"立面"。立面一般默认为正面，不过也可以作为侧面或背面。

在建筑学中，建筑物的立面通常能够决定其余部分的展示效果，因此顺理成章地被作为设计的重点。如今，很多造型特殊的立面都体现了特定历史时期的审美文化和工艺技术，具有独到的人文价值，以致受到法律的保护，不能随意加以修改。

建筑能够为人们传递许多信息，包括风格、审美、材质、造型手法等，其中，最直观的信息承载方式就是立面造型，大众对建筑的印象通常都来自立面的第一感受。不过，文化建筑要想彰显古典与现代化兼具的气质，不能只依赖这种简易的传递功能；也就是说，外在形式不是立面造型设计考虑的唯一首要因素，建筑要体现个性，既要顺应所在地的地域气候要求，又要结合地域审美情趣，让立面造型兼备雅致的形式和实用的功能，从而反映地域精神的涵义与实质。建筑界面的色调、规格、材质等都会影响乃至最终决定立面造型，所以，设计师在收集、整理和采用地域文化元素时，也会主要从这些方面入手。

7.2.2.2 典型的细部构造

在形态各异、变化多样、彰显个性与潮流的现代建筑中，建筑细部是一个非常重要的概念，承担着越来越重要的意义。很多人认为细部属于建筑的附属物之类，但其实并非如此，细部的价值远超于此，是人们理解一座建筑的根本。一般情况下，一座建筑的装饰装修工程会在局部使用一些部件或饰装饰品之类，这些部件就是该建筑屋面中的所谓细部构造。细部在建筑整体内承担着一种极其特殊且关键的角色，它们并非单纯用于影射与联系建筑的自然结构，一些设计精巧的细部甚至拥有超出构造本身的意义。不过，不可否认的是，任何细部的来源都是建筑的固有构造。一座建筑的视觉表象是由其细部承担和表达的，它几乎分布在建筑所有空间内，让建筑的各个部分彼此之间实现有机连接。建筑细部的设计需要综合考虑空间状态和外在环境两方面因素，本身则由建筑构造和结构所决定，表现方式体现了材料的拼接和建筑构造的连接性。

在建筑构造前，设计师就必须事先安排好建筑细部的形态，建筑构造的基本性状和构造决定了其设计空间的特征。如果深入观察建筑的细节形态，就可以发现，建筑造型整体同样会反过来影响细部的修建。建筑设计和修筑精心与否，很大程度上取决于细节的合理程度。

在建筑学领域内，主要存在当代的传统构造诠释、创造性的技术实现两种最标准、最具代表性的细部构造，这两种细部不但与建筑技术有着不可分割的关联，更在完整的设计中作为一个关键的构成部分。包豪斯学校校长、德国建筑师密斯·凡·德罗就曾经表示"上帝存在于细部之中"。

具体分析，受到节点构造和构件差异等要素的印象概念股，即使是规格和形状接近的采光天窗，也会产生不同的采光效果；因为切割尺寸、安装方式、排列方式的不同，同一种材质的贴面材料有可能彰显数十种风格迥异的形态。对于现代建筑设计来说，任何类型的建筑，其细部研究是一个值得特别关注的课题。当代社会文化领域，文化建筑愈发受到学者们的关注，其中一个极其重要的概念就是"地域性表达"。

　　针对建筑地域性这一主题，许多学者都专门提出了自省的思考，讨论的范畴已经超出了原先刻板、冗长的书面理论，以及"传统和现代的抉择"，逐渐发展为更加包容和开放的形式。现代的建筑师们大都达成普遍的共识，那就是在创作中体现并贯穿地域性理念。除此之外，人们用以诠释建筑地域性的手段和思路也越来越多样、越来越充实，无论是在深度还是广度上都有明显的提升。很多建筑都在保留乡土建筑原貌的同时，逐渐渗透了新地域主义等前沿理念。当然，细部构造也对地域性表达发挥着显著的作用。专业的设计师甚至能通过观察建筑的某一微小节点，透析其设计基础、建筑材质、构造特点、工艺水平等。这样，地域文化元素的传达在微观层面可能面临的种种问题就在一定程度上得到了解决。

　　理论上来说，建筑确实可以承载很多信息，但这并不是仅借助影射就可以实现的，或者说，简单的影射尚不能完善地表达深刻的文化内涵。要理解建筑的根本，必须从观察细部入手，将其视作一个完整的系统，而不是整体的附属物。当然，这里的观点不是指细部的概念能够包含整座建筑本身，而是说对建筑整体的理解是不可以和细部设计分开的。如果细部的设计思路等具有足够的内涵，则其意义是有可能超越构造本身的，但是，细部无论如何不可能脱离构造单独分析。构造与单纯的建造不能等同，它并不满足于顺应实际需求，而是借助社会文化的解读、他人的理解，作为建筑技术与现代理念的延伸，引发观赏者的直觉反应的事物，也被视为我们所知的历史的一部分。建筑并不仅仅是实用性的技术，更是一种承担美学思想、美学价值的艺术，而如果希望在建筑中寄托某种特定的、引人欣赏并反思的意义，构造就是一个不可或缺的手段。

7.3　逻辑转化地域文化元素

　　文化建筑的地域性得以表达的重点就是实现地域文化元素对建筑语言的转变，转化地域元素具有独特的逻辑方法。首先通过一定的原则与规定引导，其次通过类型学与拓扑学等多种方法与途径为辅助，最后将地域文化元素全部转变成建筑语言，且语言通顺、表达合理，进而投入到建筑创作中来。

7.3.1 转换规则

地域文化逻辑转化时的基本规则根据适用范围，具体将其分为了两种，一种是显性规则，一种是隐性规则。我们唯有在完全清楚转化规则的前提下，才能将文化建筑的地域性建筑表达适宜、得当。

7.3.1.1 显性规则

显性规则就是采用一些直观的手法，比如颜色、符号、质感、比例等，去展现地域文化建筑。地域文化元素在显性规则中的转化手法更加直接、更加朴实，在建筑中找到合适的位置，有选择地进行呼应。比较适合微观层面上诸如建筑表皮、室内展陈、细部构造和外部环境等设计的处理。地域文化元素通过显性规则进行的转换尽管显而易见、手法比较单一，却也要将建筑的文化和时代特性的体现看作根本，通过合适的技术手段，特别是将某些文化符号进行生搬硬套，又或是过于寻求形式上的新奇特，苛求高技的机械美学，从而与当今时代、社会、经济背景下文化建筑的发展规律背道而驰。

比如现代主义大师阿尔瓦·阿尔托，在北欧的芬兰设计了一系列"表现对生活更敏感的建筑"，他结合芬兰地区自然和人文环境，建造过程中应用当地的砖瓦、木材、石材等乡土原材料，运用显性规则将地域性元素转为了建筑语言，充分展现了他尊重自然、顺应自然的态度以及对当代建筑材料的人性化的运用。1937 年巴黎国际博览会上的芬兰馆被称为"一首木材的诗歌"。该馆的柱子均是采用藤条将几根圆木进行绑扎，外墙用企口木板拼接，给人十分亲切的感受。这座博物馆具有强烈的芬兰特色，使阿尔托的民族化和人情化的建筑名声远扬。纽约国际博览会芬兰馆上，阿尔托同样坚持了芬兰建筑的地域风格。

7.3.1.2 隐性规则

所谓隐性规则是指通过对人文历史、自然环境的呼应等经过一系列抽取、还原、转化的过程进行建筑的地域文化建筑表达。隐性规则中的地域文化元素的转换手法含蓄、复杂，适用于宏观层面上的处理，如建筑的总体布局、建筑形态、建筑表皮、内部空间等设计。隐性规则同样应顺应文化建筑发展趋势，在当今时代背景下充分展示建筑的地域魅力，巧妙运用自然环境和人文因素，不宜过于晦涩难懂，或过于追求形式特色而牺牲功能。如斋浦尔艺术中心，柯里亚根据斋浦尔城市创立的神话以隐喻的手法创作了拥有九个大厅的艺术中心，象征九颗行星，又赋予各个大厅不同的颜色、性质和功能。

7.3.2 转换途径

依据地域文化元素逻辑转化的显性规则，可通过色彩的融合、符号的再现、材料的质感三个途径进行转换；根据隐性规则的适用范围，则以形态的协调、主旨的设定、符号的再现为途径。

7.3.2.1 色彩的融合

完成建筑的地域文化建筑表达其中最经常用的一种转化方式便是色彩的融合。在使用地域色彩的时候通常都是要先寻找其最开始具有的特别涵义，可想而知色彩文化的发展进程是多么漫长。法国设计师让·菲利浦·朗克罗的作品《法国的色彩——建筑学与景观》中首次阐述了"色彩地理学"的定义，并提到由于地球上每一个城市所处的地理位置不同，因而每一个城市的色彩也会迥然不同。色彩本身不仅受到了自然因素、文化因素的影响，同时还受到了地域因素的影响。所以，建筑师要想精准无误地让建筑色彩散发出地域的魅力，就要亲身感受城市文化氛围。

7.3.2.2 符号的再现

符号，顾名思义就是某个对象能够在一定程度上代表某一类事物，当这种现象成为约定俗成的规定，那么这时就可以说这个对象就是这个事物的符号。

符号和建筑之间存在着什么样的联系呢？从某种程度上来说，建筑语言已经成了某种建筑符号，建筑师们通过建筑语言抒发自己的情感，与人们建立情感交流，若人们能够感同身受，建筑符号的情感共鸣也随着产生。我们在对符号理论进行探究的过程中发现，符号在建筑和人之间建立起信息桥梁，使建筑的情感信号得以充分表达。卡西尔认为，符号不仅仅可以通过人类文化现象和精神活动来表达，也可以通过建筑来表达，当建筑学与符号学之间擦出火花，便产生了建筑符号学。建筑符号既可以从很多方面表现或表达特定含义，又能引起大众的情感共鸣。符号在建筑创作的地域文化元素中具有十分重要的价值，建筑基于某一种形式去抒发以自己的情感信息，不同的城市、不同地区都有其独特而丰富的地域灵魂。

在建筑建造过程中，将城市与地区的发展进程中的地域性符号融入其中，从而打造本土特有的文化品格与个性。不同的符号来源借助不同的创作方法，比如重构、片段、借用等，所适用的范围也不尽相同。这种符号既能是看得见、摸得着的实体，例如传统地域建筑；又能是文化性质的，例如与当地本土的神话或者民俗有关的象征。

传统地域建筑会形成符号，当我们将其又一次运用到当今建筑中去，从而实现了地域性表达，整个过程称为再表达。这样地域性建筑自己所独有的文化遗存，经过符号化的再表达就形成了一个新的地域建筑文化特征。依照目前我们生活时代的审美标准、情趣标准，将传统建筑中的某个局部或者某个片段投射到现代建筑中去，那么就可以给予其非常强烈的地域文化特征。建筑文脉不是某一个特定时段的建筑特征，它是一个动态、演进的概念，是某个区域各个不同的时段的建筑特征总和的文脉特征。再表达的建筑符号不只适用于形式符号，还适用于空间符号以及技术符号，例如传统建筑的阳光室等都属于带有地域特点的建筑符号语言，而且还可以满足现代建筑空间与技术的需求。

建筑符号的再表达应挖掘传统建筑符号的基本特质，关注人的感受，注重现实环境的条件限制，结合新材料新技术的运用。以梅里达国立古罗马艺术博物馆为例，该设计充分体现了对古罗马建筑传统的继承，并结合现代博物馆设计的要求进行了很大程度的创新。被应用于博物馆空间营造的传统建筑符号分别为巴西利卡、市场建筑和公共浴场，设计师莫尼奥充分展示了对古罗马纪念性建筑空间特征的把握，以中央大厅为核心，左右辅以不同内容的展厅群，大厅与展厅共同置于巨大的拱券之下。这种空间模式既沿袭了古罗马巴西利卡、市场建筑和公共浴场的传统，吸取了古罗马大型公共建筑的优点，又很好地适应了现代博物馆的要求——功能分区明确，展览流线便捷，空间有分有合，秩序井然。值得注意的是，传统建筑符号再表达的灵活运用的亮点在于建筑师独特的空间处理手法：博物馆的展厅尺寸无法与卡拉卡拉浴场的庞大相及，卡拉卡拉热水浴大厅的穹顶直径是 35 米，大温水浴厅长 55.8 米，宽 24.1 米。古罗马艺术馆由于各方面条件限制不可能盲目追求古罗马建筑的浩大。建筑师创造性地通过压低入口空间和过渡空间来反衬中央大厅的空间尺度，从入口3～4米高的幽暗坡道、封闭天桥，到10米多高的中央大厅，运用空间对比的手法，产生了无与伦比的绝佳效果。

埃森曼侧重于建筑构形中的"句法学"和语言结构所包含的构成关系——建筑符号关系学，被认为是严格而深奥的建筑语法学家。他在寻求一种通用的建筑表意方法，来表达当代人的思想与情感，而更着重于表达建筑的"新意"。建筑符号学的核心是探索建筑"形式——意义"联系的规律性或结构、法则等，以求运用这个法则进行自由的建筑创作。

无论符号来源于建筑实体或文化背景，当代博物馆建筑的地域表达通过符号途径必须是建筑语境下的表达。具象的符号来源于提炼的精华，故应用于点睛的局部，抽象的符号存活于人们的内心感受，故应用于场域的系统营造。除在特殊情况下采用复制的方式以外，应对这些符号采取抽象、变异等加工方法，创造与原符号既有联系，又有变化的创新符号，这样既能够达到协调传统建筑环境的目的，又有利于与新建筑的功能、空间等特征相适应，反映出建筑的时代感。

7.3.2.3 主旨的设定

这里主旨的设定是指围绕地域元素设定一个表达主题，把事件通过设定的规则转译为建筑形态。这种特殊的手法在李伯斯金设计的德国犹太人博物馆中得到了充分的运用。

李伯斯金称他的柏林犹太人博物馆方案为"线之间"，因为这个建筑表现了两种几何线形、两种建筑空间和两种含义的对话。这两种线形，其一是一条蜿蜒曲折而连续的之字形折线，它变形于扭曲的"大卫之星"；另一条是被分割为许多片段的直线。从空间上看，一条是水平的线型展览空间，另一条是竖向贯穿的巨大"虚空"；从内容上看，一条描述了与犹太人命运不可分割的柏林历史，另一条象征了已不存在但无法消失的犹太人灵魂；一条是还能触摸到的庆幸，另一条是无法在场的悲哀……这一曲一直，一实一虚，一明一暗，一显一隐的两条线，在两种思维与秩序之间刻画了德国人与犹太人的特殊关系。尤其是那条虚空的中轴贯穿直线，以空间的虚无来表达现实的存在，以断续的直线片段来表达历史的延续，让人不得不佩服设计师的哲学设计理念。隐喻是纪念建筑设计过程中较常使用的设计手法。李伯斯金通过"虚空"所表现的虚无与断裂隐喻着柏林历史中那些虽已消失但却十分丰富的犹太遗产，隐喻着寂静与死亡。使得参观者可以真切地感受到柏林犹太人遭遇的精神摧残和死亡恐惧。一位刚刚走出犹太人博物馆的参观者这样描述他的感受："从没有一个博物馆让我产生过如此奇特的感受。当我背向柏林犹太博物馆那幢巴洛克风格的旧建筑离开时，一种情感付出过度的疲惫弥漫全身。"这才是我们建筑师所要追求的境界。

在具体的处理手法上，他将柏林城市地图上一些著名犹太人的出生和工作地点连成线，根据线的走势发展出最终的建筑平面形式。而建筑的立面被灰色锌皮包裹着，充满了不同方向的断裂的直线，尖锐的角和狭长的缝组成了裂痕般的窗，这样的形式也出于对众多已故犹太人的名字的简化。这样围绕着一定主旨，在设定规则下的转译为地域文化元素的转换提供了独特的途径。

7.3.3 转换技法

转换技法总结为两种，分别为类型学指导下的抽象技法和拓扑学指导下的还原技法。抽象技法是对地域文化元素进行选择，还原技法是在选择之后在现实的建筑创作中进行转换，两种技法相互结合，缺一不可，对于文化建筑的地域性建筑表达起着重要的作用。

7.3.3.1 类型学指导下的抽象技法

意大利的著名建筑师及理论家阿尔多·罗西在《城市建筑》当中阐述建筑类型学时曾说，一种特定的类型是一种生活方式与一种形式的结合，并进而认为房屋的类型从古至今在本质上没有变化……类型学的设计方法不能拘泥于纯功能或是纯形式，而应该从社会文化和历史的角度入手。类型学理论认为建筑的形态在历史中的反复出现证明了类型与形态的概念可以独立于技术变化之外，所以，从建筑历史中寻找建筑原型，运用类型学的指导方法进行现代地域建筑的设计。

在类型选择或对原型的抽取过程中，必要而唯一的手段就是对历史和地域的模型形式进行"抽象"，从而得到建筑的构成基础——秩序。只有在秩序当中创造焦点与变化，建筑才变得精彩。这种秩序就是我们要找的"原型"——比例、空间模式和尺度。

1. 比例

所谓比例，是指物体的每一部分或构件与整体之间存在着一种数字（倍数）关系。古希腊人研究发现：给人以美的愉悦感觉的物体在形式上都具备了一定的比例关系。人们按照原型去创造艺术，于是也就在艺术中发现了原型，同样，人们可以按照比例去创造艺术，于是也就在艺术中发现了比例。可见，比例是我们从历史和地域的模型形式中抽象出的"原型"之一。需要指出的是我们要寻找的是造型中的设计原则而非造型本身，就好比虽然雪花的结晶图案很美，但一栋像雪花的建筑物就不可接受了。

2. 空间模式和尺度

建筑是指实体及实体围合的空间。如果说比例是要达成建筑物本身的和谐关系，那么空间模式则追求建筑物自身内部空间关系及与周围空间关系的和谐以及建筑物与人的相对关系。我们从结构的角度将空间模式划分为三种，首先是中心式空间模式，由一定数量的次要空间按中心式集中构图的原则围绕一个大的占主导地位的中心空间构成，有集中式和围合式两种形式。主要用于纪念性建筑等重要性建筑，如天坛祈年殿。还有轴线复合式空间模式，由基本形体沿线性（轴线允许转折和弯曲）联系排列而成，基本形体的方向垂直于排列方向或与之重合，暗含过程和路线的概念，有形体自身的现状排列和通过独立的现状要素联系各个形体两种形式。最后一种是组团式空间模式，建筑由形式相近或具有共同视觉特征的几何形体在平面或空间以一定规律排列而成，其形态的空间秩序较弱，但由于各个形体具有相似性，并强调其相互关系，体现一种生长、延伸的概念。

在应用的过程中，几种空间模式常常复合叠加在一起。亚历山大曾经说过："这些模式之间彼此无关，你可以不断研究它们，改进它们，结果这些模式可以日积月累地逐渐完善。还有一定数量的众多样式的设计，所有这些设计都是同种类型模式的组合。"

7.3.3.2 拓扑学指导下的还原技法

"还原"是以拓扑学为理论基础，在抽象原型的结果上进一步转换、润色，把片段进行重构，把抽象出来的"原型""还原"到现实当中。既要秉承自然、人文、技术的地域特性，又要符合时代逻辑。拓扑学是研究几何图形在弯曲、变形、拉大、缩小下仍然保持性质的一门科学。它不涉及空间的几何形状，仅仅涉及内与外、围合与开放、连续与断裂、远与近、上与下、中心与边界等的关系。还原的方式共有四种。

1. 结构模式的拓扑变换

在流动的连续变化中去寻找不变的拓扑结构（拓扑不变量）构成了现代拓扑学的中心思想，对于建筑而言，就是建筑的多维走向。如许多中国古典园林都有共同的特点——与中国太极图产生拓扑同构，这正是文化深层结构（拓扑不变量）的反映。中国太极图抽象地表达了存在于一切事物之中的绝对性质——阴与阳和它们的统一，这就是古老的中国理念"道"和"易"。这种观念在中国古老的造园艺术中早已有了习惯性的应用，如上海大剧院在屋顶造型处理上，就是由传统大屋顶进行拓扑变形得来的。

2. 比例尺度变换

建筑师利用抽象出的比例生成建筑的局部构件或者是整体意象结构。如意大利建筑师保罗·波多盖希设计的罗马伊斯兰文化中心，是一座在仿生学意义上的从自然中获得灵感的建筑。在圆形礼拜堂的室内，暗与亮的线条相互交织，随时间变换。建筑中重要细节的灵感都来自于自然界中丛林的形态、叶片的肌理、水的波纹，甚至光线穿过树丛形成的那种斑驳迷离的效果。

3. 空间要素的转换

在前面所介绍的抽象技法中，空间模式分为中心式空间模式、轴线复合式空间模式和组团式空间模式，在每种空间模式中都具有自己的空间要素。以罗西设计的博尼芳丹博物馆为例，均衡的建筑体量和对称的平面布局遵循了公共建筑的特征，而包锌的穿顶、烟囱般的交通体、方格玻璃窗、钢丝网这些代表性的工业元素在提醒着人们这片土地作为制陶工厂的历史。正是这些来自于公共建筑、教会建筑和工业建筑特征的空间要素的连续与更替，组成了具有多种象征意义的地域建筑。

4. 实体要素的变更

实体要素变更不同于空间要素的转换，实体要素变更的对象是实体要素而非空间要素。在给定的关联中选择适当的类型并进行恰当转换，如北京菊儿胡同的改造设计就采用了实体要素变更的方法，吴良镛先生的设计以旧有的北京四合院为原型的新院落式民居，在保留了旧城的城市肌理的基础上赋予建筑新的活力。

8 地域性文化建筑的创作方法

8.1　地域文化元素的转化

地域性文化建筑创作是抵制所有主流文化最坚韧和最有效的武器，是用来打击与反抗现代主义的国际式样。所有抵制大一统的主流文化，主张保护民间情调和地域特色的建筑师，一定会将地域性文化建设看作庇护所。地域性文化建设不仅能延续地域文化的精髓，还能展现当地的特性。因为地域文化多种多样且具有各自的特色，因此文化建筑创作也是多种多样的，并不存在固有的模式，形形色色却又独具个性。我们研究了许多个国内外地域文化建筑实例，并做了详细的分析与探讨，总结出五种地域性文化建筑的创作方法。

8.1.1　象征

象征方法指的是根据本地的自然和文化等方面，提取出具有代表性的地域元素，从而用于地域性文化建筑创作的一种方法。每个地区均有属于独有的地质、地貌、文化等区域要素，人们将以上区域元素进行简单的提取或者是直接应用，又或者在一系列的提炼后挑选出具有代表性的符号用于地域文化建筑的创作。固然，模仿应该以知识模仿为基础，且不是被动式的延续，而是要研究传统建筑形态和特征，与当地的经济施工技术等进行融合，实现"优化"。

新卡里多尼亚的吉巴欧文化中心的设计师伦左·波阿诺，在文化中心的建筑造型上巧妙运用了本地的竹篓的构思理念，建造了独具一格的文化建筑中心。

8.1.2　变异

变异指的是对地域传统建筑的结构、空间关系和形态构成所包含一般原则、原理，将"变异"的手法应用到地域文化建筑上来。形象设计上采用变形、逆转、错位、提炼等显性表征性的符号的手法，呈现出一种"似是而非"的视觉体验，这样建造的建筑既具有抽象意义，又能符合参观者的审美和情感。需要特别注意提炼显性表征性符号的方法是符号学的方法衍生出的，其指的是对地域突出的形象特征元素进行简化、提炼，最后升华成一种具有显性表征性的符号。

8.1.3 保留

保留方法指的是完整保留基地中原来就有的建筑并对建筑再利用的方法，将新旧建筑两者和谐融合。坐落于历史文化名城尼姆的卡里艺术中心，其设计者诺曼·福斯特英建造时，为了与当地区域内保存十分完好的古罗马卡里神庙取得联系，将艺术中心也建造在很高的石头基座上，建筑整体看上去虽然规模庞大，但是建筑高度显得细腻和谦逊，福斯特为了能够与卡里神庙更好协调，同时还将建筑周边街道的环境进行了改建，使得艺术中心与传统建筑和街道完美融合。

8.1.4 修补

若是建筑内部空间遭到部分破坏，空间治理将变得不完整，人们就可以采用修补的方法对其进行完善，使其完整和连续。诺伊特拉在他的作品《场地的神秘性和现实性》中提到："要理解场所的特性，并用建筑强调和突出场地的特点……""建筑的边界与自然环境融合在一起，建筑实体的感觉被削弱到最小，赋予了建筑活跃的生命力。"

8.1.5 粘贴

设计区域周边的空间是不完整、不连续的，采用粘贴方法使设计区域与周边空间的联系更为紧密，使整个大空间变得完整。西班牙圣地亚哥伽利逊当代艺术中心的设计者阿尔瓦罗·西扎，充分了解基地周边两侧房屋边界的情况，在建造艺术中心时就将其轮廓线顺应着两侧房屋的边界，从而使整个空间看起来连续且完整。

8.2 地域性城市文化建筑造型的创作表现

建筑通常会以一定的形式去展现其内涵。形式指的是内部结构与外部轮廓以及整体相结合的原则。地域文化建筑的创作表现指的是根据地域主义思想理论基础，按照地域文化建筑的表现特征，在地域文化建筑的创作方法研究基础上的表现形式。

8.2.1 从传统建筑中寻找创作元素

多种多样的自然环境和地域文化形成了多种多样的的建筑形式和符号，地域建筑的集中体现是唯一性、独特性。传统建筑文化概念简述：在某一个民族或者某一个地区中，经过长时间的历史实践，人们从中总结出一套用于处理栖居问题的方法以及展现的建筑形态。栖居的观念包括很多方面，诸如哲学、宗教、民俗、婚姻家庭、审美情趣、社会结构方式等，是传统民间建筑文化的核心。

传统建筑源自自然和它的建造者，既能够融合到特定的建造环境中去，又能十分鲜明地展现本地的地域文化特色。

在文化建筑当中，通过对区域传统建筑文化的继承和发展，是最直接、最有效地体现建筑地域文化特色的方法。正因为如此，依照当代人们的审美标准然后将传统建筑的片段或局部融入现代城市文化建筑的设计当中，不仅传承了历史，还获得了良好的可借鉴性。

8.2.1.1 传统建筑形态的模拟和再现

建筑形态可以说是建筑文化的一种外在体现，也是它物质形态的一种再现，建筑外观可以直接且明确地展现建筑的自然环境和地域文化特色。对民间建筑整体形态的简化模拟和再现是指在满足现代的结构功能要求下，建筑的造型、空间形态以及材料、色彩、构造、装饰乃至各部分比例尺度特征等按照当地传统建筑形式进行适当的简化处理后重现，使建筑与环境相融合，反映出当地特有的地域文化特征。以上创作手法与复古主义不同，这种手法要求设计师充分了解当地传统的建筑文化，且熟练运用传统建筑的各样要素，满足现代建筑的功能需求。模拟传统建筑整体形态的建筑设计有很多特定的原因，历史文化旅游城市出现相对较多，对传统建筑整体形态的模拟再现，建筑的风格、布局能够与周围整体环境、原有的地域环境和谐融合，充分展现历史文化旅游城市的时代背景以及传统文化背景，彰显城市建筑的个性，激发了参观者对地域文化的整体认识。

中国建筑师多采用上述创作手法进行建造，例如陕西历史博物馆、湖北省博物馆等，模拟传统建筑，通过对传统建筑最具特色的屋顶形态、院落空间组合形态、外部造型形态等进行模拟再现，让人们不仅了解了建筑的过去，也看到了建筑在近几年的发展，很好地传承了地域建筑文化。大理白族自治州民族博物馆通过将白族民居"三坊一照壁"和"四合五天井"的院落空间组合进行模拟再现，建造了三合院和四合院相套的院落式布局，将传统的坡顶、灰砖瓦、土墙以及简化的装饰细部融合进去，整座建筑引起了参观者对传统民居的整体印象。北川羌族自治县文化中心坐落于北川新县城中轴线的东北尽端，由图书馆、博物馆、文化馆这三个建筑组成。羌族人的聚居地土地资源稀缺以及生活条件艰苦，因此当地人基本都是就近取材，在山的旁边建造房屋，人们与自然和平共处、和谐共生。怎样在建筑中找寻羌族原有环境的延续和整体性，通过建筑的风格、景观的特征充分展现与羌文化这一特定主题相关的地域特征和文化内涵就成了建筑设计的重中之重。羌族人依山建房和顺应地形的方式来进行建筑组群的形体组织还运用了起山、搭寨、造田的设计理念。注意上面提到的起山指的是由于建筑功能的不同造成建筑高度的不同，看起来高低不平的屋面就像是连绵起伏的山地。搭寨指的是基于方楼、碉楼这些元素，结合功能需求进行建造，大小、实虚、高低从而形成了各式各样的空间构造。文化中心完美与山体进行融合，同时将本地的植被、石材以田的造型建造在基址的前面，使得自然氛围更加原汁原味。

建筑师认为在满足现代建筑功能要求的基础上，将建筑的型制、造型、空间等甚至于每个部分比例都依照本地传统建筑的建造形式进行简化，然后再重新运用到建筑中。实际上就是打破最开始的秩序然后再重新进行组合，当中的功能因素充当了传统元素简化后重组的指导和依据。

此创作手法中怎么样对民间建筑整体的形态进行模拟、再现成为了要解决的重要问题，针对以上问题进行总结如下：

第一，选择模拟的传统民间建筑形态首先应该有典型的地域意义、价值，而且能够展示出当地浓厚的文化特征以及主题的地域背景特色；模拟要以文化建筑具体的建造环境、材料技术为基础，建造拥有传统精神内涵类似的整体形态，而不是单一地对传统形态进行模仿；

第二，对传统民间建筑形态的模拟既应该考虑到人们对传统形态的心理认识习惯，又应该考虑到人们的行为模式、信仰等，结合现代建筑的结构特点、建筑材料和工艺等对建筑的整体细节元素恰当进行简化；

第三，再现是基于地域文化，或让建筑形态、色彩、材料、装饰等表现出浓厚的乡土风情，或让地域建筑同现代相融合，不管哪种方法，都应该将唤起参观者们对传统民间建筑形态的深刻回忆作为前提。

8.2.1.2 传统建筑符号的提炼与应用

符号源自原始图腾的传达，是文化历史的浓缩精华，是传递信息的中介，是信息的载体。符号有时空性，它产生于一定时期和地域，反映了人们生活方式、环境、文化，其本身具有地域性、部落性的识别和功能的作用。对传统建筑符号的提炼和运用引入了建筑符号学的理论，正如符号学之父索绪尔提出的一样，符号"是一种表示成分（能指）与另一种表示成分（所指）的混合物。"建筑符号中的能指与所指即是建筑形式与建筑所表达的意义的组合。运用建筑符号不仅能传递建筑在特定关联下所产生的具象意义，还能引发相关的隐喻或联想的象征意义，诠释建筑师对特定文化内涵的理解。

随着时代的进步，传统建筑形式已经不再能跟上现代功能的步伐，况且现代建筑不管是使用功能还是结构材料均有巨大变化，体量和高度也远超传统建筑的基本尺度。在这种情况下，提取局部建筑符号相较于模拟整体形态可行度更高，也就是指将具有文化意义的传统建筑外表形式打散，形成若干片断，从中截取某些有代表性的符号语言，通过直接拼贴、简化变形、置换表层、抽象处理之后，将其与新建筑进行融合，从而形成具象、意象两种建筑符号。建筑符号可以是坡屋顶、构架、门窗等传统的典型形式特征，也可以是传统建筑空间、细部装饰特征等。

1. 具象符号法

具象符号指的是建筑单体中出现的图像符号和内部运用的结构构件，是人们可以看到、感受到的一种语言符号。符号从象形文字的诞生就作为了一种语言信息让人们进行沟通、交流，然后模拟对象又或是组合相似的对象元素从而形成各式各样的符号，每个符号都具有各自的特点。随着科技进步、人类的发展，建筑已经变成了一种新型符号，展现文化特色并与人沟通交流。

从传统建筑中抽取代表性的片断从而使符号具象的形态特征得以保留，而且可以将上述具象的形态特征直接融入到建筑的外观造型，让原来的造型以及相关装饰能够更具有特点，进而让参观者的直观感受更好。并将其直接拼贴到文化建筑的外部造型上，以突出符号原本的造型和装饰等特色，从而引起人们的直观感受。

黔江的重庆市民族博物馆，其位于渝东南土家苗族聚居区，该博物馆的整体量尺度以及建筑内部造型空间上都呈现出现代建筑的特征，而其外部则是将土家族建筑中最具有代表性的符号作为创作理念，例如白色屋脊的坡屋顶、歇山顶等符号，再通过简化，在屋顶等部位上进行拼贴，再运用传统上层出挑等造型手法，把传统建筑符号和现代造型或者材料进行融合，这样不仅展现了当代建筑风格，还能呼唤起参观者对传统建筑文化的记忆。

2. 意向符号法

所有符号均是通过"形象"去传达非物质的"概念"，以上的传达关系并不是必然的，这种形态并不具体，却是可以通过一种来自社会的约定，让它们连接个体之间发出的信号得以延续与传递。以原始符号被引入建筑并被我们识别作为起点，符号的灵魂就已经凝聚在建筑上并且跟随建筑存在，通过建筑的建造形态以信息方式传达给我们的大脑，同时变成了影像。其影像就是在连续识别建筑符号的过程中形成，同时不知不觉中就将信息量划分为了社会约定的关系，长时间下，以上非物质性的语言同建筑传递的信息进行碰撞，就可以使人产生感情变化，此变化源自最原始符号的情感传递。所以说，建筑师应该在文化中找寻出能够表达地域的符号，而且将其某些信息用符号传达出来。

意向符号法就是在传统建筑中提取某些诸如建筑屋顶等类似具有代表性的片段，经过抽象处理和简化、变形，再通过当代的建筑语言来展现，让符号区别传统上的形式，又可以展现符号所蕴含的内涵和象征意义。从而形成异物同效，让参观者能够联想到传统。

比如说建川博物馆川军馆及街坊就是提取了传统天井院落中一些具有代表性的空间符号，通过虚实相间方法重新排列了院落空间，空间形态相似于安仁古镇庄园建筑的多进院落。竹节式的院落造型对狭长的基地较为适用，同时院落的空间造型上并不仅仅是简单模仿传统四合院，更多的是把传统井院空间抽象地符号化并进行表达，同时与现代感很强的长条形建筑平面形式进行组合，抽象地传达了传统院落空间的含义，表现出了建造设计者对于传统建筑文化的理解，也让传统建筑文化得以传承和发展。

黑川纪章对现代建筑是怎样传承日本传统建筑文化十分感兴趣，他觉得日本人尤其是东京人的一些生活习惯或者方式以及自然观、秩序感都是可以看出日本的传统的，这种内隐传统如果能够保存，那么新技术、新形式以及外来的文化都是可以在建筑建造中用到的。他认为，在当代照搬照抄原来的建筑风格，那就是复古；如果将整体分割成片段，抄用其中部分片段，再对其组合，就会让建筑看上去不伦不类，并且整体看上去不协调。但如果人们可以对某一种风格深入探究，提取整体中代表性的构件，再通过对构件的抽象和提高，并进行再创造，那么这样建造出来的物品就不是复古了，甚至可以说是尖端的。和歌山现代美术馆的基地隶属于古代和歌山城堡。其建造于 15 至 17 世纪，建筑屋顶的轮廓十分丰富多彩且具有特色。该建筑的实际就是用抽象的形式与此风格进行呼应，虽然建筑的外表看上去十分简洁，但是这种既连续又重叠的金属挑檐将现代与古典的技术相结合，建造出了具有丰富意义的意境。

通过对传统建筑符号进行提炼或者运用等处理手法来使城市建筑文化更好地展现，这在区域文化建设中值得借鉴和推广。值得关注的是，对民间建筑符号的提炼应该集中在能够唤起潜意识中对地域文化的认同感而又符合现代潮流的建筑元素上，关键取决于符号的创造、选择与运用。符号的创造自然重要，但创作过程中如果不能够进行良好的选择和完美运用，预计的效果就很难达到了。所以，城市文化建筑设计过程中关于符号选择、提炼、运用上，提出了几点认识。

第一，符号的选择上应该避免为了符号而符号、只顾追求形式却忽略文化内涵，应该将整体效果看作重点，同时也不过分夸大符号，要展现符号和整体建筑的协调性，突出美感，结合时代特征传达历史文化内涵；

第二，符号的提炼应该符合大众的审美，追求地域文化认同感，符号提炼后应具有鲜明的特性，丰富的文化内涵，简洁的构造，同时避免照搬照抄以免雷同；

第三，符号的运用上追求含蓄，应该将重点放在符号传达的精神内涵以及意境的塑造上来，尽量不要将符号胡乱拼凑，要找到聚散的平衡点，宁肯少而简洁，也不要多而有余，而且要以具体建筑的实情为出发点，同合适的新旧技术以及人文风情结合。

8.2.1.3 建筑形态原型的还原和转化

"原型论"原本是瑞士心理学家弗洛伊德的学生卡尔·古式塔夫·荣格的心理学美学的中心议题，新理性主义的类型学将这一理论引入建筑学。

"原型"是物质与非物质信息这两者共同组合而成，并不是人们在整个人生中经历中的一些旧事、往事而遗留的记忆表象。人们创造了建筑，所以在每一个历史阶段，不管哪种类型的建筑固然会在人类的大脑中遗留下属于它的片段，在建筑的发展进程之中，以上的记忆片段就会形成一种独特而又普遍的"原型"信息。经过建筑类型提取和选择将以上信息的组成和发展进行重新确认、分解、归类，进而变成另外一种新的类型。

建筑类型学原型论的重要贡献者和实践者——建筑师阿尔多·罗西，在他看来采用这种方法就可以将城市的建筑简化为有限的几种类型，并且每一种类型都是能够还原为一种理性主义的简化形式。例如对于任何建筑而言，不管是宫殿还是茅屋，它们都能够看作是一种"房屋"类型，同时这种类型还能够进行简化，那就是几何形式，因此全部"房屋"均变成一种单一公式般的永远的浓缩，以上就是建筑的原型。

建筑类型学里面的观点就是在历史中建筑的形态会反复出现，以上现象就向我们提示建筑的类型、形态是可以独立于技术变化之外的概念，不一样的历史阶段中的建筑类型是相对稳定的。原型不仅包括对已经拥有和现在拥有的生活、环境问题最佳解决方式，同时包括了共有生活方式、制度的共识和回应。蕴含历史文化内涵，通常是被人们认可的一种模式，在建筑建造的过程中人们能够自觉地运用并且可以从其中得到自我调节的途径，以便生成能够与环境条件相适应的形式。因此，在地域性建筑的现代形式的转化与表现中找寻地域性建筑类型原型具有十分重要的作用。

如果要想对地域建筑形态原始表达进行推演，必须要以类似某一个地区文化背景在人们大脑中所固有的形象，以上过程通常就是人们对自然环境、建筑形式等一种非物质的交流，并经过信息的语言在人们的大脑中进行反馈。在历史文脉和场所感的理解上应该将形式、符号的挖掘和探索看作重点，只有这样我们才会找到"原型"。

基于建筑类型学理论，传统民间建筑形态原型指的是如民居院落、茶馆、祠庙、城墙等和我们日常生活有关的历史建筑空间和造型的基本形态，这一创作手法的开端就是对这些原型的分析和提取。

1. 原型还原

原型的还原指的是一个类推的回归过程，最开始从对历史模型形式的原型中提取类型，将提取的类型与具体场景相结合，再还原、再现到具体的形式，进而与历史文化环境和文脉产生一定联系，产生出不同于传统建筑却又类似于传统建筑的一种新的建筑形态，不仅能够使人们需求的视觉连贯性得以保持，还得到了情感文化的还原。比如云南楚雄州民族博物馆，就是对"土掌房"民居及聚落的研究和提炼，并以类似于传统的新形态还原到博物馆建筑中。彝族的主要聚居地是楚雄州，当地彝族民居有的在山坡地段，有的在位于河谷坪坝之中。山坡地段的建筑风格多是"土掌房"，不管是村寨群落还是个别单体均和当地的地形相契合，村民们顺山修建，房屋背山向阳，层层错落。寨内房屋连成一片，屋顶平台相互连通，有效连接了交通。楚雄民族博物馆建筑群仿效彝族土掌房建筑与山地相结合的手法，设计顺应地形将各展馆分台布置。各展览单元分别位于不同高程，根据地形高差使展厅并联相错，组成错层式的空间形态，前后展厅的高差皆在 3 米左右。展厅间以爬坡廊连接，既能相互联系，又能不干扰对方，且流线的组织十分合理。整个建筑群体相互贯通，由上至下展现出层次感，中间部分的围合就成了一个坡地庭院。不仅合理利用了当地的地形特点，而且完美展现了城市的景观，具有良好的视觉效果。通过对"土掌房"空间类型的研究、提炼和在建筑中的还原，体现了类型学设计方法的应用。通过合理处理片段，从而呼唤起参观者对区域建筑文化的整体记忆，与地方文化环境相呼应。坐落于楚雄彝族自治州的民族博物馆，其造型设计中屋顶部分就运用了对传统坡屋顶进行变形和还原的手法。彝族传统建筑中坡顶和平顶这两种类型都有，博物馆在建造过程中是将坡顶作为主要类型，局部平顶加以辅助。坡顶造型虽说来源于传统，但是又与传统有所不同，设计过程中运用了"减法"进行处理，就例如切除各坡顶四角让中部漏空从而只留下构架，以形取神。这样做不仅能够将传统乡土建筑的意蕴保留下来，还可以让建筑屋面形态显得轻巧又别致，营造良好的视觉观感。

2. 原型转化

形态原型的转化变形来源于拓扑学，就是采用抽象、分离、切割、夸张等手段对原型形态的模式、比例尺度等进行变形处理，转化变形的运用适宜于具体的建筑自然、文化环境以及技术等而进一步形变、润色的过程，进而建造异形同效的现代地域建筑。例如四川省博物馆对传统双坡屋顶的夸张分割变形等都非常好地展现了当地传统建筑特色。

综上所述，类型学的设计方法对建筑形式的丰富和传统建筑文化的展现十分有效。我国幅员辽阔、地产丰富，这些多样的传统建筑形态定会为设计提供更多的设计灵感。传统建筑形态的原型和还原、转换的方法都是多种多样的，因此设计者可以将原型转化这种创作手法加以巧妙利用，便会形成多姿多彩的地域性城市文化建筑形态。

8.2.2 从民俗文化中寻找灵感

一般来讲，独具特色的人文环境和乡土风俗在人们心目中可以说是独一无二、无可取代，无关建筑体量、色彩等，就是会对地域性的建筑形态的构成元素在心理上产生偏爱和亲切感。经心理因素而展现的情感、精神作用通常会吸引更多的注意，从而支配我们对于建筑均衡程度的知觉体验。地方符号常常是该地区长久以来与自然相认知，从生产实践和艺术创作中抽象简化得来，是地方文化的浓缩，在建筑的形式意义下蕴藏着具有生命力旺盛的地方文化特征。

城市文化建筑指的是以建造出来的现代建筑的造型来象征拥有着区域特色的符号，并通过上述方法来表达对区域文化的继承以及发展。如何将地方人文和风俗精神进行外化、表达？关键的就是要注重意境、场所以及神韵精神的塑造，能够将区域的风俗遗存、生活模式、传统空间格局表达出来，作为一种地方自然和文化特色的见证以及传统文化价值的体现。所以设计师应该理解、探讨、重置区域文化和风俗习惯，并且以此为基础对符号进行提炼、重构，将其利用建筑学的设计手法融入建筑中去，让建筑能够更好地与地域环境融合，从而更好地传播地域特色。现代技术和现代材料建造而成的建筑符号不只是停留在物质表层，而是能够表达文化的含义。不同历史阶段够运用不同的建筑材料将传统符号加以演绎，不变的只有符号的深层含义。

中国很多地区和城市历史悠久且具有深厚的文化根基，五十六个民族更是塑造了多种多样的传统风俗，形成了本地特有的地域民俗文化风格，为建筑设计师们贡献更多的建筑创作词汇。

8.2.2.1 展现地方（传统）民俗文化内涵

民俗文化蕴含的精神和气质能够完美展现乡土风情和哲学思想，从整体去仔细观察，会发现其中传达了尊重自然和生态的理念，表现了追求和乐的思想，我们还可以从一些民俗文化中发现某种特定的内涵气质。不管是精神、气质，还是特定文化，这些都可以让文化建筑的地域性创作具有更好的效果。如何能够更好去展现民俗文化内涵和精神气质呢？那么就需要我们能够以建造的当代建筑造型中去充分展现民俗文化内涵以及气质，并通过物化某些精神思想同时将其凝聚在建筑中，引起人们的共鸣，呼唤人们心中精神方面的认同感。它引进的建筑观主要是隐喻主义，人们可以通过多种多样的处理手段，比如通过建造的建筑形态去展现民俗风情以及文化方面的精神追求，或者通过建筑内部呈现的空间样式和空间氛围象征性去表现民俗的精神思想以及气质神韵。

1. 造型具象隐喻

以建筑特定的造型形态去象征某种文化的精神内涵，这就是造型具象隐喻。

比如说中国黄酒博物馆的设计理念的来源就是绍兴黄酒的团圆文化，圆满团聚与黄酒紧密相连，不管是黄酒的团圆意义还是黄酒的容器和酒具，均能传达出绍兴酒文化圆满的精神内涵，所以说其将圆形作为基本母题来构图，并结合了该建筑周围的环境以及地理地形，合理进行切割、变形，从而在具有强烈的现代建筑风格的同时还具有浓厚的绍兴地域风情。

2. 空间抽象隐喻

空间抽象隐喻的手法指的是以建筑的内部空间形态，并同自然光线等相结合，能够综合运用，形成的空间感和氛围隐喻博物馆主题的文化精神内涵。比如说鹿野苑石刻博物馆，设计它的内部空间形态时，为了能够将佛教石刻主题突出，在人们心中能够展现佛的崇高、清静，建造了一条又长又缓的具有坡度的小路，经过清幽的小树林以及潺潺的河流，让人们心中充分洗涤和净化，博物馆的室内空间设计成了曲面的造型，同时与室内对外部自然光线的引入和粗砺的混凝土墙面相结合，从而营造了幽静的空间氛围，隐喻了人们的信仰文化内涵以及烘托佛教文化淡泊宁静的精神气质。

3. 外部环境隐喻

外部环境隐喻的手法指的是通过建筑外部的自然环境来营造与文化建筑有关

的主题，展现某种文化的精神内涵。比如以易道和园林作为主题的易园园林艺术博物馆，借用博物馆里浑然天成的优美景色表达易学的生态精神以及川渝私家园林的造园技艺及审美价值观，继承传统"天人合一"的生态精神思想。

8.2.2.2 运用地方（传统）民俗文化符号

在对民俗文化符号借用的同时也引入了符号学的概念，民俗文化符号不仅包括除建筑以外的民俗文化精神图腾符号、民俗物的具象形态、哲学符号、细部特征符号、色彩等，还包括民俗非物质文化遗产的一些物化表现形式，例如：舞龙、灯会、川剧脸谱等。民俗文化精神符号和物质符号不仅可以在文化建筑的平面布局和造型形态构思上进行运用，而且可以在文化建筑的细部装饰上运用，以上均能较好展现民俗特性，这样本地的民俗文化也能更加直接展示给人们。

1. 精神图腾符号

民俗中的精神图腾符号指的是人们崇信某一种自然物或精神思想和标志，它们是人们精神信仰文化的象征，传统精神图腾符号不仅在建筑的总体设立理念上进行运用，而且在建筑的空间表达或者是装饰细部上也可以进行运用，两者均可以较好展现博物馆的民俗味道。运用精神图腾符号的代表要数印度建筑师柯里亚对印度传统的宇宙观符号"曼陀罗"的熟练运用，设计者巧妙将"曼陀罗"符号和建筑的总体造型以及空间布局等相结合，达到了建筑与当地自然、文化环境的和谐共生。我国河姆渡遗址博物馆则是在博物馆的屋顶造型中融入了遗址中飞鸟的图腾符号，建筑屋面形态如腾飞的鸟儿，以此表达中国古代对飞鸟图腾的崇拜。

设计者设计中国评剧大剧院之前，先是深入调查和研究了评剧的历史情况及其性质，以便将中国评剧大剧院的这些基础资料融入建筑的创作构想中。

河北是评剧的起源地，之后评剧在北方流传，此剧种的特点主要表现为大众化、普及面宽、通俗易懂。所以，设计者便将"通俗易懂"定为了大剧院的设计理念，同时他又敏锐地发现了在北方流传的剪纸民间艺术，思如泉涌，便有了以北方民间剪纸文化来展现评剧内涵的创意。仿制剪纸图案的红色金属透空花饰均采用了现代工艺技术并以现代材料制作而成，安装在了建筑主入口最为显眼的柱廊的上方。花饰的主题主要是一些家喻户晓的剪纸图案，比如"喜鹊登梅""金鱼戏水""凤穿牡丹"等。建筑的外立面主要以浅色为主，同时在外轮廓线上镶了灰边，用镂空图案对女儿墙转角的地方进行点缀，让参观者联想到民间的挑花刺绣艺术。这不仅使传统文化脉络得以延续，而且还让中国北方戏曲的艺术氛围更加浓厚，大剧院在将民族文化传统和地方特色相融合的同时又展现了简洁明快的现代剧院的风格。这和古代戏楼中采用戏曲场面装点建筑的手法有异曲同工之妙，让传统文化得以继承和创新。

2. 民俗物具象造型符号

民俗物的具象形态特征是人们在长期的生活中逐步成熟定形的，其造型特点代表了人们适应自然的生活习惯和审美观，以民俗物品为文化建筑中具象的造型符号，可以直观地勾起人们对传统民俗的回忆。例如，成都船棺遗址博物馆将遗址中的船棺作具象型体符号，牢牢抓住"船"的主题，整个博物馆的造型好似有一半埋在地下的船棺，形象生动地让参观者联想到船棺器物，精准与船棺遗址的主题相呼应。

3. 民俗物抽象特征符号

民俗物品不仅具有自身的具象特征，而且具有基于人们心理感受的抽象特征，例如，丝绸会让人感受柔软平滑飘逸，风筝会让人感到自由、轻盈和健康向上，舞龙会让人感到灵活和潇洒，通过某种物品给予人感受，并从中提取特征符号，同样是突出民俗主题的方法之一。例如中国丝绸博物馆就是从博物馆中的丝绸展品中找寻的设计灵感，整个博物馆是圆弧形、圆形为母题再加以变形组合，基地四周一块蜿蜒伸展的大面积水面，使建筑形体看上去顺滑流畅，让参观者联想到柔软、飘逸、平滑的丝绸，让建筑展现当代特色的同时也充分展现了地域特色。又如以一系列烟台的自然特色和物质文化特征为创作灵感建造的烟台文化中心，展现了烟台的长岛平流雾、云遮雾绕的海岛仙山、曲折优美的海岸线与沙滩和烟台商埠的历史演变、百年张裕葡萄酒文化以及民间艺术和风俗习惯，等等，设计师运用简化、抽象、移植、嫁接等多种手段把以上抽象的特征符号进行融合，从而建立一种情感空间。曲折且舒展的飘板将博物馆、大剧院、青少年宫三个建筑体贯穿融合，形成了烟绕云台、长平流雾的空间意象。上方的水平飘板下的平台也为参观者提供了自由活动、开放的空间。将历史文化融入广场空间和装饰设计上面，同时将烟台历史重大事件、重要历史人物等信息和小品、装饰等进行结合，充分传达了烟台的传统文化特色。

8.2.2.3　借鉴民俗典故与活动

民间流传的典故传说和民俗活动属于丰厚的非物质文化遗产。取意民俗典故指的是流传中的某些典故传说会有某种特定空间或者环境的一些形容，而基于此空间环境作为文化建筑空间的设计来源；取意民俗活动包含两个方面，一方面指民俗活动所展现的主题内容以及场景形式的特征意向，另一方面指民俗活动举行时的文化空间场所意向，通过当代的场地空间布局和建筑形态表达民俗典故和活动的内容、文化的含义。例如日本京都美浦博物馆是由贝聿铭设计的家族私人藏品博物馆，青铜器、珠宝、丝织品、雕塑和日本茶道器皿等各种中东和远东古代文化、艺术品都收藏其中。该建筑的设计理念是基于中国东晋文人陶渊明《桃花源记》，设计者参考《桃花源记》先是一条通往"室外桃源"优美的路径，紧接着穿过林荫小路，然后路过吊桥，最后走到地下艺术宝库，地上面的建筑设计与院内周围环境相融合，合理的布局营造了自由、轻松的氛围，起承转合、流线组织曲折变化的空间布局更是打造出"世外桃源"的意境，传达了对中国传统人文精神的追求。建造于武汉的琴台文化艺术中心，设计者以"高山流水觅知音"的传说作为设计理念，于大剧院和音乐厅之间的环形步行廊月湖旁侧建造了一道弧形人工瀑布，寓意"高山流水"，而且将知音亭景点建造在凤鼓文化广场西侧，这样和古琴台的建筑群体遥相呼应，象征着俞伯牙与钟子期知音相会。

从以上可知，此创作手法脱离了传统形式的限制，融合了民俗典故以及活动中的丰富内涵，建筑的空间形态独具一格，在文化建筑设计中值得学习和推广。

8.2.3 利用当地文化因素体现

"文化是环境的人为部分"，美国人类学者赫斯特维茨认为"是自然的人化"。勒·柯布西埃曾经说过，建筑应成为时代的镜子。建筑，不仅仅作为我们日常生活的必需品具有物质属性，也作为表达艺术、情感等要素的表达介质具有精神属性。一个国家或者一个区域的文化水平可以通过建筑进行反映，通过建筑去了解历史。人们对建筑讨论时常常也会带着建筑所表达的文化以及建筑所传达的历史一起探讨，甚至可以这样说，建筑史代表了地域文化整个发展进程的总和。文化建筑是文化的一个分支，具有明显的时代和地域特征。在建筑建造最开始的时候，文化建筑和其所在领域两者互相依存。地域文化也随着时代的发展在不断创新、变化和发展，它不是一成不变的，是动态的。同时地域文化不是仅仅存在一种固定的模式，当然也不是"文化遗传"。人们要想地域文化能够拥有持久不衰的魅力和生命力，就要充分地去创新、去改造地域文化建筑。值得注意的是，人们应该取其精华去其糟粕，地域性文化应该留存与发扬，充分展现文化内涵，要积极地面对全球物质文明，分析取舍，在保留本地区地域文化精髓的前提下，充实和发展本地区的地域文化。

8.2.3.1 利用当地社会历史文化因素体现

建筑可以看作文化的一种，文化来源于生活并能反过来去映射生活。所以，不一样的文化土壤就会产生不同的建筑文化，例如不同的民族、不同的区域、不同的时间段就会有不同的精神追求以及物质需要。建筑师在设计和建造时，往往会深入了解当地的地域文化，并从中找寻设计灵感，希望通过建筑文化把本地的历史文化特色传达给参观者，这就是地域文化的重要支撑。

文化在形成过程中会受到时间、环境等各种各样因素的影响，区域文化作为文化中的一部分也同样遵循这样的规律。传承历史文化的方法有多种，例如宗教的信仰、史书记载、神话传说、风俗礼仪，等等。随着时代的发展、人类的进步，地域文化也在不断改善，凝聚性越来越强，影响力也越来越大，也成为了最具特色的部分。

孟良崮战役中牺牲了很多英雄，为了纪念他们修建了孟良崮战役纪念馆，这场战役在当时起到了关键性作用。那么怎么样表现英烈们勇往直前、浴血奋战的场面，不怕牺牲的英烈精神，成了纪念馆设计的首要考虑因素。设计者经过深入的调查、认真的分析和充分的探讨认为，修建孟良崮战役纪念馆其目的是让人们记住战争，设计师应该清楚地认识到战争中牺牲的英雄们更值得纪念，换句话说就是为了纪念人。从正面望纪念馆犹如两个对立摆放的三角尺，以此来象征英烈们奋战的力量感以及稳重的人性，而且与孟良崮中的崮字的外轮廓线相呼应。在纪念馆的外层材料的使用上，设计者们也是费尽心思，最后采用了特地为纪念馆制作的独一无二的混凝土挂板，这种挂板是由子弹壳和一些红色的粗小石子混合而成，其挂板有宽的、有窄的，当阳光普照在纪念馆的外墙，拥有金属质感的子弹壳在这些拥有着粗糙质感的混凝土骨料面前显得分外亮眼。子弹壳反射出来的耀眼的光芒与四周围绕粗糙质地的混凝土就像是向人们诉说着当时战争的激烈、岁月的变迁和历史的沧桑，从而充分展现了纪念馆的主题。

由隈研吾设计的贝桑松文化艺术中心，是当今社会中对城市文脉进行保护和延续的一个典型建筑。著名作家维克多·雨果的出生地贝桑松，作为法国有名的历史城市，拥有着众多历史建筑。艺术中心正是要在贝桑松城市中心河流——杜河的岸边上进行建造，其场地中坐落着两座历史建筑，分别是20世纪30年代的砖仓库和17世纪沃邦城堡五边形堡垒。设计者观察两座历史建筑的方位及建筑特征，给予当地环境充分的尊重，并以建筑和当地环境为基础展开设计，建造一座同时拥有音乐厅、现代美术馆和音乐学校等多种功能的艺术中心。最终设计出一个将原有仓库与城堡通过一个庞大的屋顶作为连接的建筑。日本有个"箱物"的名词，相较于再去建造一个新的箱物，将原有的建筑物采用屋顶连接为一个箱体更加合适。河边的清风拂过，屋顶下的空间就变成了"树荫"，分外可爱。而且设计师为了丰富"树荫"效果，将屋顶建造为通过多种多样的自然材料制作而成的犹如马赛克形状的集合体。钢筋支柱架上起托梁作用的木结构体，用绿植、木头、石头以及玻璃作出马赛克般的效果。阳光普照就会出现美丽的影子，将参观者温柔地笼罩在其中。城市是立体的，站在山丘上就可以十分清晰地俯瞰整个屋顶，它将人工与自然织就成马赛克的形状，再加上河边的美景，和整个环境交相辉映。

在这次艺术中心的创作中，传承着历史文化底蕴的两座历史建筑，设计师并不是将它们拆除重建，也不是部分拆除后融入现代技术进行再创新，而是原封不动将建筑完好保存下来，并以此为基础，运用非常巧妙的手段为它们带来了新的生命。

8.2.3.2 利用当地人文思想因素体现

古往今来，人类在社会实践中学到的物质、精神文明已经演变成人文环境，其涵盖了社会结构、经济状况和由它们转化而成的观点意识、价值取向等。人文环境对建筑产生的影响同样是全面的、复杂的、巨大的。人文因素是建筑设计过程中的重要因素之一，它影响着地域建筑的初期创意和深化发展。那如何让人文环境在建筑中表现出来呢？我们首先应该了解当地的历史文化，并去探寻传统文化渊源，充分挖掘当地乡土风情、人文特点，然后将其发扬，秉着维持、弘扬每座城市的独特个性和鲜明特色的理念，增加当地居民对本地文化环境认知感和自豪感。

最开始我们均是秉承着某些哲理和人文思想观念去做建造，久而久之就逐渐形成了建筑观念，人们都会基于此去进行设计和建造。

实际上，建筑的文化内涵不会跟随时代的变化和文化的多元发展而泯灭，它们一直都存在，只是带有强烈宗教意味和纪念意义的文化表达被弱化。当代城市文化建筑作为公共建筑之一，即使已不需要为文化信仰的表达背上如同教堂般沉重的包袱，但依然存在展现文化的责任。所以，我们应该以古代时"大建筑"的理念作为榜样，从传统文化信仰、人文价值观及宇宙观的提炼入手，这也是地域性文化表达的一条路径。

山东省博物馆新馆建造过程中，设计师以"天圆地方"为自己的设计理念，圆形和方形是日常应用最多、最基本的几何图形，圆形展现了一种柔和之美，方形展现了一种规整之美。两者相结合，刚柔并济。采用圆形和方形来建造博物馆，方为矩，圆为规，正好展现了我国传统文化对自然的认知。

日本十和田艺术中心是妹岛和世与西泽立卫共同设计而成，艺术中心由许多方方正正的、简简单单的白色方体共同搭建形成，没有采用一点地方材料，也没有使用一点文化符号，形成了极简的现代建筑的造型风格，整体性展现了浓厚的"日本风"，其原因正是此建筑在价值观念上体现了日本的传统经典美学。

此艺术中心坐落于日本青森县内十和田市的市中心，建筑功能十分多样化，例如讲演区、图书馆、展览区、工作室等。如果仔细观察这座建筑，还会发现虽然艺术中心不论是组织方式还是生成规则均是采用的西方现代建筑体系，但是它向参观者展现出来的质朴、简单等的整个叙事风格却是呈现妹岛强烈的个人风格，还呈现了日本 wabi-sabi（侘寂）的传统美学观念。wabi-sabi（侘寂）哲学是基于中国的禅宗思想而发展起来的，也就是小乘佛法中的三印法：诸行无常、诸法无我、涅槃寂静。日本文化将其完美地转化为追求神秘、短暂、质朴、谦逊、寂静、自然的美学观念。16 世纪，作为日本战国三英杰之一的丰臣秀吉发起了一条 wabi 戒律为了反抗当代的专制统治，极力讽刺掌权当政的奢华、庸俗，并推崇克制、简朴和谦逊等美德。随着历史发展，此种观念逐渐于日本民族的灵魂根深蒂固，这同时也对艺术、造物产生深远的影响，wabi-sabi 美学观对日本的影响甚至超过了古希腊柱式美学对整个欧洲的影响。妹岛的和田艺术中心这种极简风格表现，检释了 wabi-sabi 更深层次的人文价值观，也表现了浓厚的日本性格。事实上，不只是妹岛和世，此哲学观念对当代日本相当大的一部分建筑师都产生了深远的影响，比如黑川纪章的共生理念和安藤忠雄素混凝土风格，其实两者都暗含着他们对谦逊、自然、质朴的美学追求。这在很大的程度上说明了独特的极简风格为什么会展现浓厚的日本地域风。

8.2.4 巧妙融入自然环境

《世界历史的地理基础》（黑格尔）提到"地域性的形态与土壤所孕育出的人类的类型和特性非常有关联。这种特性是人在世界历史中出现并发现它们的场所的方法"。建造时应基于与自然、地理环境相融合理念，这正是建筑形态各异、各具特色的原因，所以，将当地区域的自然地理因素融入现代建筑的建造过程中，正是现代建筑必不可少的一个条件。

以上做法不是对当代环境的让步，反而正因为人们看到了环境的价值，基于此实现建筑与环境之间新的平衡。对于固有价值自然的或人工的利用我们并不会生搬硬套，反而是去容纳、去珍视，并将其融入建筑中去，或者通过仿生学的视角从自然中寻求创作灵感。

在历史长河中，区域建筑设计经过探索发现和积累经验，将建筑与自然融合，建造能与当地气候相适应的建筑形态。无论何种建筑均是基于环境条件，在环境设定的前提下，去营建活动，均不会完完全全摆脱环境的限定。这里提到的环境既涵盖自然的气候条件、地形地貌，也涵盖了地区的自然地理特征、自然景观资源等。我国早些年代，北部地区的合院建筑以光照因素作为参考，各房子之间拉开很大的距离，窗户也都是朝内进行安装，就是为了防止冷气的降临。南方的合院建筑因为气候与北方互异，导致建筑风格正好相反，南方降水量大、空气潮湿，各房间之间的距离十分窄小犹如天井，以此阻挡太阳光的直射，同时达到通风换气的效果。在某些地方会通过在院子中安装井池，从而让自家院落形成微气候，增加院内或室内新鲜空气的流通程度，降低温度。尊重且顺应自然环境，利用环境，达到建筑与自然环境的和谐共生，是当今地域建筑创作的关键之处。所以说，从自然环境中寻找创作元素是文化建筑创作不可或缺的思路之源。

8.2.4.1 结合气候条件

人们在建造的时候最开始只是想有一个遮风挡雨的场所得以安身,这也是为什么不管是哪所城市哪个领域搞建造时都将气候条件放在考虑条件的第一位。因此气候也就影响和决定着当地建筑最基本的部分。降雨量、太阳辐射强度、风向风级等条件都是影响建筑的相关气候因素,与建筑有着密不可分的关系,对地域文化的基本构成要素如居住形态、民风民俗等都起着决定性的作用,也是建筑师们设计灵感的来源。因此我们要熟知气候因素的形成条件和变化状况,分析地域建筑如何适用气候并利用其有利因素,避免或减少不利因素的影响。

比如印度建筑师查尔斯柯里亚,他可以较敏锐地思考深刻而持久的影响人们生活的气候因素,对印度本地气候条件的形成有了非常有效的探索和研究,并对其加以利用,从而建造了拥有当地风情的建筑,他这种擅长利用气候并进行建筑的创作手法值得人们借鉴与推崇。又如为纪念印度圣雄甘地建造的圣雄甘地纪念馆,其设计师查尔斯柯里亚就是通过木制百页设计了纪念馆的通风窗和采光窗,整栋纪念馆没有一处使用玻璃窗,而且用于建造此馆的石板、木门、瓦顶等材料也是当地资源,极具本地特色。

芝贝欧文化展览中心坐落于南太平洋岛国上的泄水湖和海湾之间。该地区常年受南太平洋的季风气候影响,该展览中心就是基于此季风影响和本地环境建造而成。放眼望去会发现在岛上许多矮小的红树林中有一种松树脱颖而出,而展览中心的上方笔直、高耸的主干支架正好恰如其分地与此相呼应。当地居民受地理位置影响,对季风十分敬仰。他们认为这是上帝给予的礼物,也是顺利出海和回归的保佑神。他们以展览中心的主干支架来表达对上帝的敬畏之情。展览中心表层的横板条结构和可调节的百叶,利用季风打造了一个自然空气调节系统。建筑师团队为了让屋棚以及其附属架构能够更好地融为一体,应用物理学以及计算机模拟方法对通风系统数据精准地计算。在室外空间和棚屋的室内空间之间,存在着一个空隙地带,由外部的弧形垂直向上的肋结构和围合室内空间的竖向板条组成的,它可以拔升并调节通过该空隙的空气流动。棚屋的横向板条由上至下之间的空隙呈现逐渐变大的趋势,可以调节从室内到室外的空气流通。棚屋内部屋顶下方和地面上方之间的竖向结构上装有的百叶窗，同时在连接这个棚屋的通廊也设置这种百叶窗，这就增加了流进底部的空气量。棚屋屋顶均使用了两层构造且具有一定的倾斜程度，形成了一个拔风装置，空气可以在这个双层屋顶之间的空隙流动，不仅可以以带走室内的热量，而且形成的空气层能够有效隔绝来自屋顶的热量。

8.2.4.2 适应周边地理环境

自然环境在给予我们物质基础，推动文明前进的同时，也相应地改变着我们的生活方式。从古至今，我国一直提倡顺应自然、尊重自然，与自然和谐相处的理念。在中国建筑文化中，对自然环境的尊重是一个很重要的内容。自然界分为天然景观与人工景观，建筑就属于人工景观，成了人们与大自然进行对话的媒介。早在春秋战国时期，我国哲学家就开始关注人类与自然的关系，将世间万物与我们人类密切关联起来，例如"天地与我并生，而万物与我为一"（道家）、"上下与天地同流"（儒家）。"天人合一"这种自然观流传于我国建筑文化之中就是基于自然与人类和平共处、和谐共生的联系，并且在时间的长河中不断完善、发展而来。

因此，我国建筑师在这种"天人合一"自然观的影响下，运用多种多样的创作手法来与地形地貌等特征和用地中的特殊元素相互呼应。比如根据当地地形的起伏与险峻情况进行建造，或将当地自然环境融入建筑中，又或是基于当地自然环境并加之改造与创新再次融入建筑与环境。一花一草、一山一水，建筑师均给予了足够的尊敬与重视，争取在充分展现我国的建造与规划的同时也营造出建筑与自然和善共处的景观。我国传统的四合院以院落为中心布局，同时将特定的山容地貌组合成建筑外部环境，以此实现建筑与自然环境相互交融、和谐共生的局面，从而打造协调、高雅、似如天成的环境空间。

充分尊重自然地理环境，实现建筑与当地山形地貌的融合，从而使建筑的构造能合理且恰如其分地展现当地地理环境的特色。日本建筑师安藤忠雄就十分擅长利用地理环境特征，其作品直岛当代美术馆就与所在地区自然和谐共生。美术馆位于直岛南端一处狭长海岬的山崖上，可以俯瞰下面内海的海滩和平静的海面，特有的地形地貌使得建筑美轮美奂，与周围环境相得益彰。为了降低对直岛的地表的破坏和维持岛上的生态环境，安藤忠雄将美术馆加建的部分隐藏到山体之中，周围被花园围绕，建筑既很自然的融入环境中，又给人们一种感受自然、享受自然的境界。

2002 年，西安的欧亚学院图书馆由清华大学建筑学院关肇邺教授设计而成，该图书馆外观设计呈现出不对称的自然结构美，仿佛一只翩翩起舞的蝴蝶，又仿佛是一片随风飘动掉落的枫叶，在自由的平面构成中蕴含着理性的结构美，创造了丰富和富有趣味性的空间和形象。即使图书馆形如连绵起伏的小山丘，但是关教授充分利用周围的环境将图书馆外部层面与广场的草地绿化相结合，坡度过渡自然，将建筑与环境完美自然地融合在一起。而且图书馆的屋顶绿化也被修建成休息场所，参观者可在广场和图书馆屋面自主体验这极具乐趣和舒适的空间感，同时图书馆开窗前后也可为屋内参观者展示不同的、富有趣味性的景象。在平面设计上利用不对称的平面布局合理安排平面功能，形成的每个空间看似独立实则又相互联系。在欧亚学院的图书馆之中到处都可以看见异形的房间，这既大大增加了参观者兴趣，也大大丰富了空间效果。富有自然脉络感的顶部采光天窗将富有变化的公共空间的隐性统一和整合，在获得趣味性的同时，重视空间之间的共通之处的处理，存异而求同。而且图书馆屋面的绿化与四周环境通过舒缓而过渡自然地坡度相连接，某种程度上来说并未破坏原本的绿化地面，只是利用某种手段将其置换，广场的生态环境并未损害。这其实也是设计思维中一种"生态置换"，这种设计理念在建筑行业应该得到大量推广。

8.2.4.3 抽象景观意向

地理气候和地形地貌是造成自然环境差异的原因之一，多种自然因素（例如自然地理、水体绿化）组合而成的总体景观也是自然环境差异的一个十分重要的因素，不同的景观带来不同的意境，人们便会感受到情感和心理上的差异。我们以环境的意向理念作为基础，将自然总体景观同建筑空间的形式设计进行抽象融合，从而让建筑与自然环境拥有同样的品质与性格，使两者之间情感相互交融。

例如，福建省海边的长乐海螺塔，以大海中的海螺作为基础原型，融入了大海中灯塔的元素，同时建筑师根据本地的自然地理环境，打造了海螺塔建筑，其不仅表达了建筑师对大海的关怀、聆听，也展示了当地人文地理风情。还有日本长野县的取访湖博物馆，设计者师伊东丰雄表示设计初衷主要是表现取访湖及湖畔居民生活相关资料，该博物馆轮廓就像是肆意泼洒于取访湖边的一碗水瞬间定格的画面，也似那悠然自得摆尾的小鱼，诗情画意的建筑景观充分展示了取访湖自然环境及人文特色。

8.2.5 追求材料技术的地域性表达

建筑材料与技术两者之间的关系就如同自然界中共生互利的动物，两者可谓是相得益彰，建筑属于物，而物又是由物质所组成。建筑材料怎么组合与怎么表现直接影响到了建筑的构架形式以及空间的大小状况，从古至今材料就被人们看作构建建筑的对象，也是传达文化精神的介质；技术则是将材料进行组合、构建的一种方法与手段，传统技术与现代技术合理且均衡地使用，既能够将原材料独有的特点展现出来，又可以让建筑材料与当地自然地理气候等因素具有更好的适配度。所以说，文化建筑地域创作中需要给予建筑材料和技术的地域性表达充分重视，同时要注意"因地制宜、因事而制"，结合新旧材料与新旧技术，实现人文、经济、自然与建筑协调发展、长久发展。

8.2.5.1 寻求材料的地域表现

现代地域性建筑的材料和设计表现在传统和现代相互交融、共生的基础上，从开始到现在一直处在动态的变换中，它既包含传统的地域建筑材料，又包含层出不穷的新材料，通过对两者的综合使用让地域建筑拥有了持久不衰的生存力。正因为这样，寻求建筑材料的地域性表现在某种程度上拥有了两层概念，一方面是采用传统建筑材料表达地域性，另一方面是采用现代材料再次表达地域特征。

1. 传统材料的运用

传统的建筑材料一般基于本土充裕的自然材料资源，从而打造当地城市的建筑风格和特征，而且在当代地域建筑的建造理念和日益渐增的技术水平下，其表现潜力越发显现，现如今，已经成了建筑师用于展现地域文化的重要工具。例如日本陶瓷村的木匠在丰富的雪松树资源的基础上，创新性地打造了一个极大圆形空间，其色彩、布局、影调极具和谐与均衡，体现了浓浓的当地乡土风情；还有韩国济州民俗博物馆基于济州岛的岩石、茅草等材料综合韩国古法造型技术与当代的建筑语言，也同样表达出了当地浓浓的乡土味道。运用地方传统建筑材料，建筑师可以充分发挥对这些材料的想象和把握，将传统材料与传统形式、现代形式进行不同程度的结合，充分挖掘传统材料对地域特色和民俗乡土的表现潜力。

2. 当地材料的运用

最开始的阶段，由于技术不发达、交通不便、交流受阻等各种原因，大多数的建筑都是就地取材，在时间的长河中，这些建筑就成了当地的传统建筑。所以，很多时候通过观察当地使用的建筑材料，就可以判断、推测出当地的地域乡土文化特征。随着科技的进步，人类的发展，大众不仅局限于当地传统建筑材料，也在不断地更新或再创造。什么都不是一成不变的，当然，地域文化也在迈着前进的步伐，将新建筑材料与传统建筑材料进行融合就是地域性建筑又一创新与延伸。

建造出地域性文化建筑，最直观有效的方式就是采用本地的建筑材料。这么做的优点：第一，充分利用本地的资源，节约成本；第二，本地的建筑材料在时间长河的冲刷下留下了当地的地域特点和乡土情感，这正好能够充分展现当地传统文化特色；第三，这符合原住民的情感需求，体现了尊敬，让村民感受"家"的亲切感与归属感；第四，使用当地资源是对当地文化建设的一种延续，也是对自然环境的一种延续。随着科学技术的更新以及人们越来越多的需求，工艺在不断更新，新的构造方式不断形成。

中国建筑师王澍就将当地拆迁留下的一些砖、瓦等建筑废旧的材料用在了建造世博会宁波滕头案例馆以及宁波历史博物馆上，他将这些捡到的废旧的材料进行拼接，做成独特且富有创造设计感的表皮肌理，造型、颜色等直捣视觉感官。正是这一成功案例为我国的老旧城区的建设与改造树立了良好的榜样。旧物再利用，从而实现可持续发展，这一案例创新性地对传统建筑材料赋予了现代全新的解释。

澳大利亚维多利亚的格兰扁国家公园内的布兰姆勃克生活文化中心同样运用了本地的建筑材料，向人们展示了当地的精神文化、现代工艺以及文化内涵，也让人们充分地了解了当地人们的现状。其主要是由三部分组成，分别是会议场所、信息中心和博物馆。此建筑的设计师是 G. 布尔占斯，他表示在建筑设计及构想阶段，曾经深入了解了当地居民的生活环境，因此建筑屋盖的白鹦鹉的造型设计，是以西维多利亚人们草屋样式的遮挡物为原型。原材料主要使用了阿那古当地的红色砂岩，这种砂岩具有非常不错的储热的功能，建筑中间的烟囱则是用砖石建造的，建筑的屋顶均是由瓦楞铁皮建造，屋盖以胶合木梁建筑而成。从上面可以看出，此建筑的各个部分均是由本地的建筑材料组合建造，与周围环境融为一体，是有感情、有生命的建筑物。

2. 现代材料的地域表现

大自然的馈赠是有限的，一些现代建筑材料因其适用于工业化生产而被肆意开发与利用，且受到当前现代建筑方式的影响，某些建筑材料的选择或者使用上也会具有一定的局限性。城市文化建筑创作更加看重对当地材料或者当地建构方法的沿用，以此能够更为鲜明地展示当地的地域特色；并且为了能够通过建筑来彰显当地历史和人文情怀以及乡土风情，建筑师们会采用新建筑材料与旧建筑材料并用，新施工技术与旧施工技术并用的手段，借此展现更为深层的、独特的地域性。科学技术飞速发展，建筑材料也逐渐丰富与更新，一些现代建筑材料，例如钢、铁等，都是传统建筑材料无法匹敌的，使用新的建筑材料进行建筑与创造的大发展方向是建筑师自己不能左右的。所以说，建筑师在对传统建筑材料使用方面进行探究的时候，理应也对新的建筑材料怎样能展现文化建筑地域性问题多加重视。这样不仅能够使地域文化价值发挥，生命得以延续，也能满足当今社会的发展需求。例如南通珠算博物馆建造就采用了新的铝板建筑材料，融入了双坡屋顶的设计，放眼望去，大片的无色、通明的玻璃幕墙映入眼帘，让观看者充分地感受了江南传统建筑特色，同时也充分展现了当地素雅、通透、开敞的建筑文化。2010 年上海世博会澳大利亚馆，展馆外的皮层采用的是暗红色的耐候钢材料，惊艳的颜色和波浪式外形，不仅用来象征澳大利亚浩瀚的海岸线，还向人们传达着澳洲国家拥有着丰富的矿产资源。从空中鸟瞰整个展馆，不仅能够感受到澳大利亚上古时期独特的景观，而且展现了当今精湛的建筑工艺。耐候钢主要盛产于澳大利亚西部，并经由本厂的工人们进行开采与加工生产而来。同时在世博会的举办期间，展馆的外面的颜色会跟随着时间的变化而变化，由浅色变为深色，由橙色变成暗红色，而这种颜色变化也向人们展示着本国大陆的红土。仔细观察会发现，不仅展馆外面，展馆内部以及展馆四周的材料都使用了红色的地砖，当然，这种建筑材料也是来源于本国大陆的红土领域。整个澳大利亚的展馆全方位均使用红色布景，既展示了澳大利亚的红色的地域颜色，又将传统建筑材料与现代的技术充分融合起来。

上海世博会波兰国家馆，外表以金属作为主要原料，结合波兰民间的剪纸艺术，以此为主题外观给大众呈现了强烈的视觉冲击，色彩鲜明、形象生动、趣味性十足，更是给观众留下深刻的印象与独特的参观体验。展馆犹如无数张剪纸拼接而成，并且结合了波兰传统的民间剪纸艺术和当代潮流风格，如盛开花朵般的图案在灯光的映衬下更加生动，明暗交接的灯光更是让这朵朵剪花分外活泼。以"人类创造城市"为主题，关注城市的多元文化的融合与发展，关注城市和乡村的相互影响。

8.2.5.2 采用适宜的地域技术

柯里亚曾指出，对建筑产生影响的第四种力量是技术，这是前三种力量（历史文化、气候和精神追求）之外的一种，没有任何一种艺术像建筑那样受到技术的制约。由于优势技术每数年就会发生改变，因此建筑必须重新创造以之为基础的虚拟形象和价值观念的表达方式。在这个技术更新迅猛的时代，我们需要探究技术本质背后的技术思想，寻找适于当代地域建筑发展的技术观与技术手法。伦佐·皮亚诺则认为，只有将技术功能的内涵加以扩展，直至覆盖心理范畴，才能真正使建筑成为人的建筑。

技术是适应生产的物质基础和手段，但技术的表现力更主要来自于建筑创作、哲学和对技术的正确美学观念。在不断发展的技术中，建筑必须不断地更新观念和手法，以适应不同时代的需求和挑战。因此，在当代建筑实践中，我们需要积极探索技术的创新和应用，发掘技术背后的哲学思想和文化内涵，从而创造出更具有人性化和文化价值的建筑作品。

除了空间之外，建筑的本质和精髓还包括构成空间的材料质地、结构形式、装饰细部等方面，它们都对建筑产生重要的感官影响。建筑的发展始终与物质技术的发展密不可分。通过深入研究建筑的历史发展，我们可以发现每一次建筑发展的飞跃，都与当时最先进的技术和结构的大胆开发运用密切相关。技术的进步为空间带来了更大的灵活性和可能性。当代的新材料、新结构、新工艺、新设备的应用以及新的设计方法和施工方法的发展，不断推动着当代建筑创新的可能性。地域建筑也在这些新的科技发展中与全球化展开更加密切的对话和交流。

建筑是技术与诗意的结合，技术是构成建筑物质和精神存在的基础。建筑艺术需要建立在牢固的技术基础之上，而随着经济的发展和技术的进步，建筑艺术的创造也有了更广泛的选择和可能性。建筑技术的真正意义在于协调技术、地域自然、文化和经济等多种因素，以更适合某个地区的建筑发展。因此，在文化建筑的地域性设计中，我们需要充分挖掘传统建筑技术的潜力，同时吸取现代技术的长处，向先进的高技术学习，寻找一条适合表达建筑地域性的技术之路。

1. 继承传统技术

传统建筑技术是根据地域地理、气候等条件逐步形成的，它与自然和谐相处，不仅是技术文明的重要组成部分，也体现了人们的聪明才智。传统技术对于地域特色的展示和历史文化的延续都具有重要意义。然而，随着社会的发展和人们需求的改变以及新材料的运用，许多传统技术逐渐被淘汰，甚至失传。这些传统技术不都是以文字形式记录下来，大多数是通过工匠的经验传承下来的，这些见证历史文明的非物质遗产已经面临着失传的风险。因此，对于传统建造技术的挖掘和再利用，已经不再仅仅是地域文化的表达，甚至有着保护非物质文化遗产的更为重要的意义。

在建筑材料的选择方面，东西方存在很大的差异，导致建筑结构上也有很大的不同。西方建筑的施工顺序主要从下往上，先打基础，砌墙再封顶，而中国传统建造技术则首先搭建木架，安装大梁，再从上往下建造。在传统技术中，一些仍具有现实意义，而另一些则已经不合时宜。因此，在继承传统建筑技术的同时，也需要适当进行更新和改进，以突出建筑的地域特点。例如，陕西富平县富乐国际陶艺博物馆群主馆，在结构联结部位的处理中，采用了陕西当地传统的砖砌拱圈技术，整体使用混凝土进行结构加固，施工则由当地工匠配合完成。这种建筑形象类似于陶器烧窑，既采用了可辨识的更新的当地传统技术，同时也符合建筑师的艺术追求。

2. 适宜的地域技术

技术思想的不断发展和转变是不同地域建筑形态发展的结果，同时也是人类长期生产、生活和实践的成果。地域技术不是一种固定模式，而是动态和发展的，随着时间和信息交流的推移，不同文化之间必然会产生技术的交换和融合，从而生成新的技术模式，具有地域性和意义。

适宜的地域技术意味着根据当地的条件和特点，结合先进技术和传统技术，改进和完善技术，以体现建筑技术的本质和地域特征。例如，成都鹿野苑石刻艺术博物馆的设计，建筑师采用框架结构和清水混凝土与页岩砖组合的方式，通过窄条木模板形成墙面的明显肌理和质感，以达到技术与造价之间的平衡。同时，设计师也体现了对场地地质和建造材料关系的思考，通过局部下挖的坑洼部分露出薄土下的卵石沉积，表现出场地地质和建造材料之间的关系。此外，设计师还利用玻璃构件处理形成了顶光和侧光的交融效果，整个博物馆设计反映出设计师对适宜技术的特殊理解。

地域适宜的建筑技术强调根据当地的可行性、经济性、适应性和适用性来选择适宜的建筑技术，包括当地的传统技术、现代技术和数字技术。适宜的建筑技术将当代先进技术与地域条件相结合，同时推动改进和完善现有技术，充分发掘传统技术的潜力，以突出建筑的地域特点。例如，成都鹿野苑石刻艺术博物馆采用框架结构、清水混凝土和页岩砖组合的方式来表现出一种朴素而完整的"巨石"之感，达到了技术和造价的平衡。在外部场地中，露出卵石沉积的坑洼部分表现了场地地质与建造材料之间的关系。室内局部采光通过玻璃构件的处理形成了顶光和侧光的交融效果，整个博物馆设计反映出设计师对适宜技术的特殊理解。

3. 引入高新技术

随着社会经济的迅猛发展，现代建筑不断创新，建筑功能越来越复杂，现代材料的特性也越来越重要，对建筑技术和结构的要求也越来越高。现今，超高层、大跨度和高科技材料等现代化建筑已经在我们周围不断发展，然而这些建筑往往难以应用传统建筑营造技术。实践中，传统技术无法适应现代化大规模生产的需求，因此现代化的施工工艺被广泛采用。这并不是人们主观上要放弃传统技术，而是因为现实条件的客观要求。但是，传统的技术精髓是能够延续下去的，人们仍可吸收传统技术的养分，以现代化科技也一样能达到地域性表现。以期彰显传统地域性建筑特色，适应现代社会的要求。在大型现代化建筑如城市文化建筑的建造中，传统技术的使用机会不多，更多地以现代技术为基础。现代建筑技术十分发达，可以丰富建筑表达的可能性，因此通过现代技术来实现地域性的表现也是一种可行的途径。

奥林匹克公园国家体育场"鸟巢"作为一座具有争议的标志性建筑,其外观独特、前卫,是现代建筑与古老文明相遇碰撞的产物。作为一座现代化的体育场馆,其设计理念突破了传统建筑的束缚,采用了更为现代化的材料和结构,如钢结构焊接技术,使得鸟巢的结构更为精准和坚固,为大型活动提供了良好的场地和安全保障。同时,它的外观也具有较强的视觉冲击力和独特的艺术价值,成了北京的一个重要地标和文化符号,彰显了中国社会、经济的发展成果和国家形象的强大。然而,作为一座现代化建筑,鸟巢的建造并不意味着要抛弃传统技术,而是在尊重传统文化的基础上采用了更为先进的技术手段。比如,鸟巢建筑中的各种装饰元素和景观设计,均充分考虑了中国传统文化的特点,例如使用"八卦"和"云"等图案,将传统文化与现代建筑巧妙结合。这种"现代与传统"的结合方式,不仅增强了建筑的文化内涵,也展示了中国文化的独特魅力。

4. 高新技术的地域性表达

高新技术的地域性表达是将先进的技术手段与当地的自然环境、人文文化、社会环境等多种因素相结合,运用各种充满抽象、机械美学和自动控制的先进理念和技术,展现高新技术对人文环境和自然环境的关注和回应。例如,著名的"高技派"代表人物伦佐·皮亚诺在设计芝贝欧文化中心时,将现代技术与本地技术和文化完美融合,体现出了高新技术的地域特色。

1998年,为了纪念卡纳特人的民族英雄芝贝欧,芝贝欧文化中心在当地建成。设计者以展现卡纳特人的本土文化为出发点,在整体布局上模拟了当地传统村落,将10个圆筒形的棚屋分成三组顺应地势线性展开,由连续的开敞通廊将它们相互串联。

设计者通过现代技术为这座建筑赋予新的灵魂,结合当地气候特征和传统棚屋的建筑形式,提炼出"编织"的构筑模式,用易于弯曲的桑科木和不锈钢赋予10个棚屋双层表皮。外层表皮是模仿棚屋"编织"而成的木制结构,可以抵抗来自南太平洋的强风,并且具有足够的耐久性。内层表皮由钢和玻璃组成的垂直百叶构成,形成被动式通风系统,内层的百叶完全由机械操控根据风力的变化自动开合。整个通风系统并不是一种理所当然的企图,而以大量电脑模拟及风洞试验为依据,完美地显示出现代技术的优越性。大楼与高端技术相结合,融入本土文化。有评论称它为高技术与本土文化、高技术与高情感的结合。当地的一位原著民长者看到这几座现代化的棚屋后感叹，"它已经不再是我们的了，但它仍然是我们的"，这可以视为对这座建筑的最高评价。

8.2.6 注重建筑视觉表现

视觉是主要人体感官。据有关资料介绍，人类从外界获取信息时，大多靠眼睛得来的。不但如此，就连人们平时的活动也是如此，都是以视觉为支配。与人们其他的感觉方式相比而言，视觉可以感知到周围的绝大部分事物，而非一个对象。因此，借助视觉更加便于对建筑整体进行把握。其中表皮建筑视觉元素，主要是指建筑外在视觉特征，蕴含了形态，色彩和质感肌理。

8.2.6.1 建筑色彩体现地域性

颜色是一种重要的地域文化特色元素。在各种视觉要素中，颜色是最具表现力和最直接的要素之一。不同的颜色会引发不同的感受，即使相同颜色的色彩，在不同的环境和人们眼中也会有不同的感受。比如，红色能让人感到喜悦和兴奋，橙色和黄色则令人感到愉悦，蓝色则能让人感到沉静，绿色则会带来舒适感，而黑色和紫色则让人感到悲哀和苦闷。在不同的文化传统和社会背景中，人们对颜色的感知和理解也会受到影响。因此，颜色是地域文化特色中不可忽略的重要元素之一。

色彩在建筑中具有极其重要的作用，通过材料来表达，每种材料都具有独特的颜色属性。自然颜色带给人的感觉是亲切、真实、可靠，但可供选择的颜色相对较少。为了丰富建筑的色彩，人们通过技术手段改变材料颜色，从自然提取到人工调制配色，可供选择的颜色也逐渐增多。同时，高科技手段和灯光的应用使建筑表皮的颜色更加丰富多彩。每个地区的建筑都有独特的色调，这种色调形成是一个自然而漫长的历史过程。人类在居住场所从洞穴到地面建筑的转变中，逐渐意识到色彩改善环境条件的意义。经过不断的发展，人类对色彩的运用越来越丰富，范围也更广。从建筑的角度来看，色彩的发展也从简单到复杂，从物质层面到精神层面。一位法国建筑师提出了"色彩地理学"的概念，即某个城市或地区的色彩会因其地理位置的不同而产生巨大差异。色彩是自然界的一种天然现象，同时也是一种文化现象，常常伴随着浓厚的地域特色。

比如，德国城市的建筑色彩主要以灰色为主，反映出德国的理性深沉；法国巴黎的建筑色彩以浅黄色为主，呈现出浪漫特点；俄罗斯圣彼得堡的旧建筑以淡黄色为主，白色柱廊相辅，表现出柔和明快的特点；意大利罗马建筑色彩以暖色调为主，彰显出人们热情向上的品质。而中国北京的皇城建筑则以金黄色和红色为主，凸显出皇权高高在上的特点，与社会底层普通百姓住所的灰色、暗色形成对比，突显中国封建文化的地域特色。这些色彩的选择和运用，不仅反映了自然环境和文化传统，也反映了人们对生活和社会的理解和表达。

在上海世博会的中国馆设计过程中，设计团队遇到了两个问题：如何体现中国元素和特色，如何与世界发展步伐相呼应展现在各国参观者面前。最终，中国馆选择了传统的中国红色作为主色调，这是一个可以表达中国热情的颜色。然而，中国红色也是一个模糊的颜色，历史上有许多不同的红色品种，如朱红、朱砂、辰砂等。因此，在颜色分析之后，设计团队接纳了中国美院教授的建议，使用多种微妙的红色组合来表达中国红色的内涵，以和而不同的方式体现中国特色。最终，钟红色被选为主色调，通过渐变的手法从深到浅，增加了中国红色的整体空间感和层次感。这一决策体现了中国馆设计团队对传统文化的尊重，并且在现代技术的帮助下将传统色彩演绎出新的魅力和可能性，既满足了国内观众的审美需求，也得到了世界各国观众的关注和赞赏。

8.2.6.2 建筑的质感和肌理展示地域性

质感是指物体表面质地属性所产生的视觉感受，包括坚硬与柔软、粗糙与光滑等。而肌理则是指物体表面的纹理和质感。在建筑设计中，选择合适的建筑材料并对其进行适当处理，是考虑质感的重要因素。对肌理的考虑则在于对材料进行适当编排，以达到预期的视觉效果。对于建筑表皮来说，对质感和肌理的把握非常重要，因为它们与建筑的艺术美学密切相关。因此，建筑师需要了解建筑材料的天然属性，以及人工处理方法，如喷涂、绘制、拼贴等，以获得所需的肌理效果。

在宁波历史博物馆的设计中，建筑师王澍利用当地产的毛竹制作模板，用于浇筑外墙下部的混凝土部分。这种选择不仅展现了设计师的巧妙手法，而且在拆除模板时，在混凝土墙上留下了明显的竹子肌理。设计者巧妙地利用了混凝土的本质自然可塑性，充分表现了当地传统的地域材料。这种对材料的运用不仅能够体现出建筑师对质感和肌理的考虑，同时也是对建筑美学的体现。

8.2.7 注重建筑和环境细部的地域性表现

8.2.7.1 体现地域性的细部装饰和色彩

文化建筑的细部装饰和色彩是展现地域文化的重要元素，它们的素材来源非常广泛。传统建筑中的细部装饰是文化建筑地域性的直接体现，而除传统建筑文化之外的地域、民族文化，如工艺品、精神图腾符号、民俗生活场景、活动场景和民间传说故事等，也可以转化为建筑细部装饰的素材。此外，地方的装饰色彩也是表达地域文化的重要手段。

在文化建筑中，运用适当的装饰元素可以引起人们对地域文化的直观感受，也可以很好地烘托建筑的地域味道。但是，要注意装饰的适可而止，装饰只是手段，不是目的。细部装饰和色彩要以整体建筑的和谐美观为前提，以烘托建筑整体的地域风格为出发点。

建筑的装饰形式有平面和立体两种。平面装饰以壁画和彩绘为主，而立体装饰则多采用浮雕和雕塑。在地域性建筑的创作中，无论是哪种装饰形式，其内容都与当地的地域特征密切相关，与建筑立面的整体构思的元素相协调。装饰的原则是不损害建筑总体地域形象，而是为了更好地突出建筑的地域特色。

细部装饰和色彩的合理运用可以增强文化建筑的地域性和审美价值，同时也可以传承和弘扬地域文化。因此，在文化建筑的创作中，注重细节和细部设计的重要性不可忽视。

1. 继承传统建筑的细部装饰

在地域性文化建筑的创作中，寻找创作元素是一个非常重要的方向。尤其是在以传统建筑为设计原型的文化建筑中，继承其丰富的细部装饰能够达到非常直接和有效的装饰效果。传统建筑中的门窗、挂落、柱础、屋脊装饰等都是文化和地域特征的直接体现，也是传统建筑不可或缺的组成部分。因此，很多模拟传统建筑的文化建筑都会对传统建筑细部装饰有不同程度的传承，以保留其神韵为目的。

2. 体现民俗文化的细部装饰

在文化建筑设计中，除了传统建筑文化之外，地域性的民俗文化也是一个重要的创作元素。这里的民俗文化包括物质和非物质两个方面。物质民俗指与生活相关的物品，如剪纸、皮影、年画、麻将等工艺品，而非物质民俗则指精神图腾符号、生活场景、节庆活动场景以及传说故事等文化内涵和空间意向。通常，这些细部装饰的形式以浮雕和壁画为主，有些则将具有装饰效果的民俗物体直接用作外墙装饰，将建筑本身变成地域文化的展示和解读的载体。通过运用地域性的民俗文化元素，能够更好地烘托建筑的地域风格，让建筑更具有历史沧桑感和民俗感。同时，在运用民俗文化元素的过程中，也要注意适度，将其巧妙地融入整体建筑设计中，以达到和谐美观的效果。

8.2.7.2 烘托地域文化氛围的环境细部设计

环境是建筑的重要组成部分，为建筑提供依托和陪衬，同时也是对建筑内涵的补充和完善。建筑环境的设计主要是为了衬托主体建筑的形象、建筑的空间氛围和反映建筑的功能特性，因此其特征是由建筑的特征和内涵来决定的。环境的细节设计最能反映其特征，其中包括环境内的地面铺装和环境小品，如雕塑、灯具、座椅、花台、廊架、台阶等。通过对环境细节的具体形态、材质、色彩进行综合考虑，并与文化建筑的主题、风格、材质、色彩等相呼应，从而衬托和升华建筑的地域文化特色，这是突出文化建筑地域性的重要手段。

与建筑细部装饰类似，环境细部和小品的设计元素也来源于丰富的地域文化内容，并结合恰当的材料和形态来呈现。例如，易园园林艺术博物馆的环境道路采用当地不同颜色的卵石铺设出太极图案和其他传统吉祥图案，以呼应"易"的主题，同时表达民间信仰文化。木质水车小品与环境绿化、水体的搭配体现传统乡村的自然风光，园中的环境营造更是把握了"易"和私家园林的主题，处处叠山造水、取法自然，突出了川渝地区传统的园林造园艺术和天人合一的主题思想。麻将与茶文化博物馆将麻将这一家喻户晓的文化元素雕刻在主体庭院的地面上，以突出麻将文化的主题。这些例子都充分体现了环境细节设计与地域文化特色的结合，通过细节呈现出建筑及其环境的独特魅力，突出了文化建筑的地域性特点。

8.3　典型实例分析：国内外城市文化建筑设计中的地域性表现

8.3.1 苏州博物馆新馆

苏州作为一个文化底蕴浓厚的城市，其建筑风格以粉墙黛瓦为主，这成了苏州城市的文化特色。苏州博物馆新馆作为这个城市的重要建筑，自然也延续了传统建筑元素。传统苏州房屋的屋顶比例一般为高度为底边的一半的三角形，新馆也采用了同样的比例。庭院里的亭子、门框、大厅的亮窗都采用了这种三角形语言，从而将传统元素融入现代建筑中。这些设计元素不仅延续了苏州传统建筑的特点，更突出了新馆所处地域的文化底蕴，使其成为苏州城市文化的重要组成部分。

新馆的布局呈现出典型的院落式结构，包括一个主要庭院和多个小庭院，内外空间紧密相连，建筑与环境相互融合。主庭院采用江南园林造园技法，假山、小桥、流水、凉亭等典型园林符号让人们感受到江南园林的美妙。此外，新馆与邻近的拙政园相邻，贝聿铭运用借景手法，将拙政园的景色引入到新馆中，虽经人工设计，仍然自然天成，令人惊叹不已。在主庭院内，贝聿铭设计了多条曲径通幽的小径，让人们在探索的过程中不断惊叹，新馆仿佛既是一个博物馆又是一处园林景观，展现了令人陶醉的美景。

贝聿铭是苏州人，他将苏州博物馆设计成了一个具有地域特色的建筑，历经多年才完成。博物馆的设计体现了贝聿铭高超的设计智慧和对自我挑战的精神。为了表达苏州建筑的特色，博物馆使用了一种被称为"中国黑"的花岗岩石材作为屋面和墙体边饰。这种石材产自山西至内蒙古一带，颜色为黑中带灰，经过雨水淋洗后会变得更加黑，而在阳光下则会变成深灰色。这种石材具有很好的坚固性、工艺性和平整度。经过加工，石片被制成菱形，然后平整地铺设在屋面上，给人强烈的立体感。博物馆的设计不仅传承了苏州建筑的精神，而且表达方式也非常独特。

新馆的结构设计完全采用钢结构，但在保留苏州传统建筑文化的基础上，贝聿铭用优质木材对钢结构进行边框镶边、包装，既满足了建筑结构的稳固和防虫蛀要求，又体现了传统文化的价值，让新馆成为一座兼具现代科技与传统文化的艺术之作。

苏州博物馆新馆地理位置得天独厚，位于苏州古城区，周边环绕着众多文化精华，包括世界文化遗产拙政园、全国重点文物保护单位忠王府、苏州"文化长廊"起点东北街等。在这里，古典格局"水路并行，河街相邻"，构成了独特的历史风貌。新馆的建成使东北街历史街区更具文化休闲品位，将成为名园拙政园的现代延续，体现了保存和发展整体文化的设想。同时，北面的拙政园以其"平淡疏朗、矿远明瑟"的明代园林风格，已成为世界文化遗产而享誉全球，成为了新馆的珍贵文化背景；周边的狮子林、民俗博物馆、园林博物馆、工艺美术博物馆等，更是体现了苏州古城深厚的文化积淀。新馆周边环境以及文化背景，都为其成为苏州文化建筑的重要代表添上了浓墨重彩的一笔。

苏州博物馆新馆位于苏州核心地段，与历史文化遗产忠王府毗邻，这在处理建筑关系上是一个需要权衡的问题。然而，贝聿铭在设计中展现了大师的智慧，将新馆放在了次要位置，避免了与老馆争夺主导地位，相反，他让新馆与周围环境相融合，形成了一种和谐共生的关系。这样的设计不仅突出了历史文化遗产的重要性，同时也彰显了新馆的现代气息，实现了新旧建筑间的平衡和谐。这种处理建筑关系的方式，展现了贝聿铭对文化传承和发展的理解和尊重，也是苏州博物馆新馆成功的关键之一。

8.3.2 苏州科技文化艺术中心

苏州科技文化艺术中心坐落于苏州东部的金鸡湖畔，是苏州新城区的重要地标性文化建筑。作为区域性文化中心，其建筑设计必须充分体现地域文化的特色，并且具有现代化的标志性。同时，金鸡湖作为苏州市民休闲娱乐的重要场所，也对该建筑的设计提出了更高的要求。因此，在设计理念上，既要考虑苏州传统文化的内在价值，也要具有现代化、标志性的外在特点，以满足不同观众的需求和期望。

苏州科技文化艺术中是苏州新城区的重要景观，作为一座地标性的文化建筑，它的设计需要充分展现苏州传统文化的内在特点。同时，该建筑还必须具备现代化、标识性的外在特征，以满足当代社会的审美需求。在设计过程中，需要注重将苏州园林的设计理念融入其中，同时还要与周边新城区的环境实现互融共享，以创造一个既具有地方特色，又符合当代审美的艺术中心。

苏州科技文化艺术中心的设计团队将建筑美学定义为"一枚宝珠，一段墙体，一处园林"。其中，"一枚宝珠"象征着在金鸡湖上浮现的珍珠，是该建筑的地标属性；"一段墙体"则以半敞开、半封闭的形式将周围的喧嚣隔离开来，通过墙壁上的镂空和隔板的交错呈现出相互传递、互相影响的空间形态；"一处园林"则汲取了其他园林的特点，同时保留了苏州园林的原貌，位于墙体和明珠之间，近处是园林的精妙之处，远方则是湖面的和缓景色。无论从哪个角度看，苏州科技文化艺术中心都体现了传统文化在中国园林中的融合，以及苏州园林的韵味所在。

苏州科技文化艺术中心通过巧妙融合古代园林和现代建筑的设计手法，呈现出具有地域特色的建筑形态、景观和空间结构。这种创新的设计表现手法对地域文化建筑的探索提供了重要的启示。

苏州科技文化艺术中心融合了传统古园林和现代建筑的设计理念，对建筑形态、景观和空间结构等方面进行了创新和探索，展现了地域文化建筑设计的优秀表现方式。

苏州科技文化艺术中心的建筑外立面采用了传统苏州文化特色的织物、青花瓷和花格窗等元素来形成独特的肌理，营造出中国苏式建筑的经典形式。此外，在艺术中心的两端和顶部设置了微微向内延伸的金属创孔板，以避免雨天雨水冲刷外表层，主厅墙里的低压系统中的导管会将雨水沿轨道排出。艺术中心的外立面支架和内部立面都采用了现代感极强的玻璃材料，玻璃还被用作装饰，点缀着整座建筑。在花园中，外表面的起伏处采用了精心挑选的不同大小的玻璃块，这些玻璃成条纹状随机垂直排列，并与弯曲的金属部件相互交替，形成了艺术中心的轮廓。每个玻璃块中都隐藏着金属片，这些金属片薄都被穿孔，在阳光的照射下，能够折射出周围的景色。这样巧妙的设计，不仅让人们从内部欣赏到金鸡湖和花园的美景，而且通过技术与艺术的完美结合为苏州科技文化艺术中心增添了一道亮丽的景观。

苏州科技文化艺术中心采用了马蹄形状的设计，中空的"马蹄"使得游客可以在任何位置欣赏到金鸡湖的美景，而其外观和规划则是由建筑内部的视野和视觉效果以及内部设计所决定的。艺术中心庭院中使用现代感十足的玻璃幕墙，这种设计手法对传统园林而言是一种巧妙的运用，将内部和外部完美地结合在一起。整个艺术中心的形态和空间格局规划，再现了苏州园林的"借景"和沉静等特有的韵味。该中心是苏州地标性建筑之一，就像悉尼歌剧院一样，集合了苏州的象征性元素："一枚宝珠"象征着苏州水乡的巧妙之美；"一段墙体"象征着苏州历史的延续和传承；"一处园林"象征着苏州作为中国古典园林之都的骄傲。这种象征性的手法表达了设计师对苏州地域文化的尊重和再诠释。

8.3.3 迪拜城市博物馆

迪拜博物馆的建筑设计兼顾了城市街道形态与建筑空间形态的融合与优化。博物馆的建筑形式融合了古老城堡和教堂的元素，成为城市景观中一道有机的风景线。该博物馆建在老城区中心的河边，周围是一群具有伊斯兰色彩的低层建筑。博物馆地下建造，巧妙地保护了地面的自然风貌和人文历史景观，同时也实现了建筑功能和环境质量的和谐统一。

迪拜博物馆坐落于地下，入口隐蔽，通过盘旋的通道进入，仿佛进入了一个伊斯兰的神秘古墓穴。地下空间具有稳定的温度、隔音、遮光、防护和抗震等特点，与室外40多摄氏度的高温形成对比，为这片沙漠海边的博物馆提供了一个理想的陈列环境。

迪拜博物馆采用了与常规博物馆完全不同的展示方式，主要以场景式展览为主，并且展厅之间自然衔接。展览主要分成了现代城市概貌、古代传统贸易、古代城镇生活、传统海洋生产、传统沙漠游牧、自然生态以及传统工艺生产等系列。在展览中，观众可以沿着一组木制楼梯往下走，来到木制船甲板上。周围是灯光投射的海景，旧船板上堆放着货物，工人正在搬运，伴随着海边海鸥的叫声，观众仿佛走下了船舷，来到了迪拜古老的小镇，感受当时的生活。在这里，每样东西都可以触及，空气中弥漫着印度香料的味道，每个作坊都传出不同的声音和街市上叫卖谈价的语音混合成了一首古老集市贸易的交响乐。这样的场景展现了迪拜城市由一个沙漠海边的贸易港口逐渐发展壮大的历史。这种与历史零距离接触的方式让观众有一种真正的体验感，调动了人的视觉、听觉、嗅觉、触觉等感官，全方位立体地展示了一个城市的各种风貌。

迪拜博物馆以场景式展览为主,让参观者沉浸在历史场景中,与古代文脉零距离接触。场景的互动设计让观众参与其中,获得系统的历史信息。博物馆采用多种科技手段,如触摸屏、投影电视和三维立体显示等,将历史信息生动地展示出来,扩大了受众面。此外,博物馆还考虑到不同年龄和文化背景的观众,为他们提供了直观的展示方式,即使没有翻译陪同,也能够了解地域历史文脉。

8.3.4 中国美院象山校区图书馆建筑

中国美院象山校区图书馆建筑是大学的核心,与其自然环境和谐共存,以象山山体为基础设计。它没有过于张扬的外观,也没有鲜明的主入口。走过一个安静的花园,绕过藤蔓缠绕的小墙,顺着台阶走进"回"字形的平台,才能看到象山校区的全貌,一切豁然开朗。图书馆主入口是一个透明、沉静的玻璃盒子。平面设计也呈现"回"字形,以一个幽静的中心庭院为中心。建筑空间通过回环、穿插等手法打造出丰富的空间效果。建筑形象取材于中国传统建筑,细节处融入了富有民族特色的建筑元素,但这些古典建筑语汇都经过了抽象和重新整编,以全新的形象和姿态呈现建筑的每个角落。

建筑形象及细部建筑以中国古典建筑与传统地域建筑为原型,但不是简单地模仿与复制,而是利用古典建筑与传统建筑在空间形式与语言上进行重新整合与演绎。对传统有特点的建筑形制进行了提炼与抽象,体现了传统建筑对空间的出色处理。以现代建筑构造与技术手段的再演绎,展现了颇有中国人文精华的现代建筑空间。

8.3.5 新加坡璧山社区图书馆

新加坡是一个移民国家,虽然其文化历史并不久远,但多元化的文化形态展现出其独特的魅力。然而,在建筑文化表达方面,如何应对各种不同口味的难题是新加坡面临的挑战。由于移民源的多元性,当地人具备自身独特的审美倾向和行为习惯,但在同一地域环境中,人类拥有共性的特征,对自然之美的向往也是普遍存在的。因此,对人类共性的认知,包括审美倾向、生理和生活需求,以及相似的行为尺度等都是人性化设计的重要考虑因素和参考参数。

新加坡璧山社区图书馆是一座针对 9 万人社区的图书馆,其设计充分考虑了多元化的人群结构和审美需求。图书馆采用了"树屋"形象的设计理念，创造出小型出挑的半私密空间。彩色玻璃赋予了这些"仓体"空间自然界的生动色彩和趣味性，如同置身于斑斓的阳光下的小屋中，营造出惬意的阅读环境，让人流连忘返。设计师将这种向往融入图书馆的设计中，并不断深化，创造出美妙的阅读空间，如彩色树叶下的"仓体"小屋。白天，人们可以在这些小空间内享受阳光下的美妙阅读时间，而晚上则可以欣赏室内灯光透过彩色"仓体"树屋投射的美丽光彩，营造出深刻的视觉印象。图书馆的设计充分满足了多元化的审美需求，同时创造出兼顾自然和人文的美妙阅读空间。

8.3.6 贵州省图书馆

贵州省图书馆建成于 2004 年，建筑展现了贵州世居的水族、彝族等少数民族文化以及夜郎文化，体现出贵州多民族地区独特的文化内涵与个性魅力，是一座融入了本地区民族文化与地域文化之精华的现代图书馆建筑。建筑以"书山蕴灵秀，墨韵沁清香"为主题来设计修建，在创作构思时借鉴了贵州山地民族地区干栏式建筑手法，裙房方正如墩，在石砌基座上支撑梁柱和大片石墙，裙楼下虚上实，中部略突，以丰富立面突出梁头，展示传统民居木构架的韵味。在裙楼外墙以贵州民族传统图案、少数民族文字及龟甲、石版、竹简、帛书和纸书等各类书籍形式为浮雕，如贵州特有的少数民族水族的象形文字和蜡染图案、彝文典籍中的《夜郎史传》、苗族历史与神话传说的经典《苗族古歌》、侗族神话《射日月》和布依族史诗《安王与祖王》；并做淡蓝色镶边，寓意各族文化的共同繁荣。整体色调以贵州各族人民喜爱的青、蓝为基调，既具有浓厚的贵州民族文化特征，展现了贵州各族人民和谐共处的人文精神和深远厚重的文化内涵，同时符合图书馆有图有书的特点，从而成为贵州省标志性的文化设施。

9 地域文化在城市文化建筑室内空间的表达方式

9.1 空间形态的地域性表现

室内空间是通过界面自身形状和不同组合形式而形成的空间形态，能够满足不同的目的要求，使人产生不同的心理感受。如严谨规整的几何形态的空间让人感受安静、肃穆；不规则的空间则让人感受自然、流畅。空间形态是空间环境质量的基础，它决定空间整体效果，对空间环境的气氛、格调起着关键性作用。在任何室内空间里，都可以把其还原为由点、线、面、体基本构成要素，并以此为依据进行具体设计，创造出丰富的空间形态。墙面交叉处、窗子转角处或者是浮雕壁挂、字画，工艺品等都可以看作"点"；线条通过面与面的相交和物体轮廓剪影表现出来；室内空间中的地面、墙面、顶面等称作"面"；而若干个面围合而成的形态就是"体"。在室内空间中，"体"还有被切割的特性，这是内部空间的一个重要形态特征。体经过切割可以变成多种形态，并利用点、线、面之间的合理搭配共同呈现出丰富而多变的空间艺术效果。空间形态的表达是一个极为复杂的过程，它既要体现出人的价值观和文化发展，也要具备流动性、包容性和含蓄性等特征。不同的空间形态呈现出不同的情态特征，在室内环境中，这些要素通过各种处理手法给人带来了不同的视觉、心理和文化感受。地域、民族、功能需求等因素也对空间形态产生了深刻影响，各地自然环境的差异性造就了具有不同特色的地域性建筑，如福建的圆形土楼、北京的四合院、皖南的民居等。这些建筑在形态、结构和装饰等方面都具有独特的文化内涵和地域特色，展现出多样性和丰富性。

如美国奥尔斯顿图书馆是波士顿公共图书馆的社区分馆，为使图书馆与社区居住性街道融合，建筑采用灰蓝色粗糙的佛蒙特州石板与挪威光滑斑驳的铜色石板拼接形式，很像当地传统木瓦墙面，让建筑自然地融于环境。

此外，设计师还重视街道与室内空间形态的关系，将内部空间划分为四条与街道平行的带。第一条带是图书和阅览带，包括书库、参考书及沿街的一些办公室。第二条带是由阅览庭院和阅览室组成的内庭院带，增加了自然光线和视觉效果。第三条带包括会议室和相关设施。第四条带是馆外的停车带，提供方便的停车服务。

不同的文化背景和观念是造成不同空间形态的重要因素。民族文化、民俗习惯、宗教信仰和审美情趣等,都影响着建筑空间的设计和表达。因此,各个地域和民族创造出具有浓郁民族特色的建筑空间形态。例如,傣族的竹楼、蒙古族的帐篷式住房、彝族的"一颗印"、云贵地区水族、侗族等采用的干栏式住房以及黎族的船型屋等,都是充满地域特色的空间形态。这些不同地域、民族的典型建筑空间形态为我们进行文化建筑室内空间设计提供了丰富的参考来源。

如位于长沙湘江西岸的岳麓书院,始建于北宋末年,屡经重修,建筑格局与风格仍沿袭并传承了岳麓书院传统的组群建筑形式。这种建筑形式对单个室内空间的体验有很大的影响,它们是完整统一、不可分割的。我们在一进又一进院落的行进中领略宗法礼制的森严。而且,将这种行进中的感受一直延续到每一个建筑的室内空间,并通过室内的布局、装饰、陈设等得到呼应。岳麓书院以讲堂为中心,中轴线上有前门、赫曦台、大门、二门、讲堂、御书楼;轴线南侧建有教学斋、自泉轩园林及碑廊等,轴线北侧建有祠堂、文庙、半学斋等。整个建筑群强调中轴对称,体现"居中为尊"的宗法礼教,强调建筑间的主次、尊卑关系,即愈往后则愈尊,这种空间形态反映了湖湘文化传统的"主静""居敬"的理学思想。利用轴线的导向和组织秩序,层层推进,逐步深入到整个书院建筑地形的至高点上,书院最崇高的唯一的一座三层建筑空间——御书楼,也就是我们今天所说的图书馆,建筑室内空间中的装饰、陈设的形制及其上的图案、色彩、雕刻,都从不同程度上表现了中国传统的文化内涵、封建礼制、伦理道德。建筑采用重檐歇山顶,黄色琉璃瓦,檐口为卷棚式,高大宏伟,因御书楼藏书为御赐之书,该藏书楼建筑内外色彩上大量使用黄、赤二色;上承小方格式天花,局部上凹呈八角穹窿形藻井,不设斗拱,形式简洁、素雅大方;内部运用对称的布局的构图形式,使其空间形态充满了秩序感,很好地体现了中国"礼制"文化的精神。厅堂正中供奉孔子像,室内悬挂字画,既突出了以讲学为中心,又显示了先师先圣的尊贵地位,表现出文人建筑的特征和悠久历史丰富的文化内涵。

在进行地域性设计时,文化建筑室内空间形态的创造和演绎是基于现有的建筑空间特征进行的二次设计,通过对不同主题的室内空间进行深入观察和了解,利用抽象、简化的手法,进行不同空间形式、比例、尺度的变化,以及整体与局部的打散、重构等现代设计手段,将地方传统建筑结构形式中的价值观念、情感模式和行为方式的部分因素加以深入挖掘并融入已有的空间形态中，使空间形态与地域文化相呼应，以呈现出既富有时代感又具有地域文化特征的全新设计语言，创造出丰富和谐的室内氛围。

9.2　色彩的地域性表现

色彩作为空间环境中最具有活力的因素，具有极强的表现力，如红、黄、橙色等一般能够使人兴奋、情绪积极的色调称暖色调，蓝、紫、绿等使人产生冷静、消极等情绪的色彩称为冷色调；深暗色有重感，明亮色有轻感等。其实色彩本身是沉默的，它是在人的主观感觉和情感的支配下，成为一种表达形式。每个地区、每个民族乃至每个个体都有自己的色彩偏好，而这种偏爱又隐含着与民族心理性格、文化传统、生活方式、艺术表达机制和感觉模式等因素在内的一系列文化问题，从而使得色彩蕴含着丰富的意义。当色彩所传递的视觉情感信息与人的大脑中已有经验、知识和色彩概念经对照、分析、整合达成共识时，便会引起心理上的共鸣。当色彩成为具有普遍意义的某种象征时，就具有传递相同心象和含义的表现功能。也就是说，色彩具有极强的视觉感染力及对特定信息的表述功能。

不同的国家、民族和地区，因社会、政治、经济、文化、教育以及生活方式的不同，表现在人的服饰、居住环境、生活空间等方面不尽相同，对色彩同样也形成了各自的偏好和地域的差异性。同种色彩在不同的国家有着不同的含义，如黄色在伊斯兰教国家中使人联想到沙漠、干旱，被视为死亡之色，而在中国封建社会却是帝王专用色，是权力、地位的象征。同样，不同地理环境对于色彩的偏好也不同，如北方地区的建筑及室内设计喜好对比分明而色彩浓重，而南方地区则相对偏爱清淡雅致的装饰色彩。

因此，在满足文化建筑各功能空间的独特的色彩设计要求的前提下，充分了解和尊重不同地域文化中对于色彩的审美差异和喜好，借助色彩来进行空间环境营造是既有效又便利的方法之一。色彩的地域性特征可以唤起人们的情感联想与共鸣，通过对不同民族和地域色彩的对比、类比、概括和提炼，把色彩环境的营造建立在与人和空间和谐的基础之上，从而使文化建筑室内色彩作为视觉符号传递所需表达的意义，对于文化建筑室内设计的地域性表达来说起到举足轻重的作用。如杰克逊维尔公共图书馆的阅览室色彩设计时，因杰克逊维尔市早期居民为迪姆川印第安人，他们认为红色表示生命、朝气和热烈，白色代表勇武与力量，为表现北美洲印第安土著居民的民族特色，结合阅览室色彩设计的要求，将在读者视野中占比最大的墙面、顶面采用纯度低、明度高的白色、灰色等中性色，天花板的色彩比墙面更明亮些。地面选用木本色、咖啡色等明度较低的色彩。阅览桌、椅子等家具选择与四周的背景色相协调的木本色。在墙面局部使用鲜艳而对比强烈的地域性色彩，构成室内简洁、明快而稳重的色调，营造出自然亲切的色彩环境。

城市文化建筑的室内设计考虑到其功能和空间尺度的特点，常常采用同一色相的色彩作为主要设计元素。这种设计方式可以通过大面积的同色调来表现地域性特色，也可以通过局部点缀代表性地域色彩来增加设计的多样性。例如，苏州博物馆运用当地的代表性色彩灰色和白色来营造整体氛围，突出地域特色。这样的设计手法能够引起人们的共鸣，让人们自然而然地与地域产生联想。

9.3 材质的地域性表现

材质是建筑设计中不可或缺的要素之一，它直接影响着空间的质感和表现力。在建筑设计中，材质的选择和运用需要考虑到空间的整体风格和设计目的，以达到最佳的设计效果。同时，材质的选择也需要考虑其可持续性和环保性，遵循绿色建筑的理念，以保护环境和人类健康为前提。材料的外在形态、颜色、质地和肌理都是人们感知材料的关键因素，不同选择的材质可以表达出不同的感觉和情感。例如，采用粗糙的材料可以营造朴实、自然的感觉，使空间更加接地气；质地细腻的材料则能够带来高贵、典雅的氛围，使空间更加精致；肌理丰富的材料给人粗犷的雕塑感。传统的建筑材料多以土、木、砖、石等为主，经过若干年的选择与运用，人们对这些自然材料的认识已不仅仅是物理属性上体现，这些材料在应用与表现手法上，体现出这一地域的环境特征、风土风貌，都带有极强的地域特征。这些材料与当地人们的日常生活水乳交融，使人们产生亲切感、自然感。

因不同地区气候、地理环境的差异，富有地域性特征的材料可谓种类繁多，如贵州布依族位于页岩资源丰富的高山地区，民居就地取材，用石料建造而"石头房"建筑；在草原上缺少坚硬的石材，人们就利用动物的皮和毛毡建造的蒙古包；而在北极，爱斯基摩人利用冰块建造冰房子等，都是根据当地材料的自然特性，就地取材，同时充分表现了地域性材料在空间环境构成中的重要作用。此外，材质的色彩、质地、肌理等方面的美学特征，如地方材料本身色彩的冷暖、质地的粗细程度、肌理的质感等，都具有原始的美感和浓郁的地域特征。

因此，在文化建筑的室内空间设计中，选择富有地域特色的材料用于现代空间设计中，可以使室内空间与地域的社会历史及自然环境和谐地融为一体，不仅体现出生态适应性的原则，符合经济适用、环保的基本设计要求，而且可以使人们对环境产生归属感，增强情感上的凝聚力。

如哥伦比亚的维拉纽瓦公共图书馆，在设计项目中设计师们充分考虑和利用当地丰富的自然资源。整个图书馆的室内外建造均就地取材，采用当地纹理独特的木材和石材，不仅体现了经济、环保的原则，也反映了这个城市的地域特征。整个建筑墙体利用采伐自当地人工林的松树搭成透风的网隔墙，运用地方石材堆砌成坚固的堡垒状大墙，最大限度地减少项目费用的同时，使整个建筑与周围环境浑然一体。

由建筑师路易康斯设计的埃克塞特学院图书馆十分简洁，没有采用任何多余装饰，建筑使用产自埃克塞特市当地的砖、变质石灰岩板结合木材，尤其是白橡木等材料突出亲切、自然的韵味。

当然在文化建筑的室内设计中我们并不是单纯的脱离时代发展而一味地运用传统材料，而是要与时俱进，合理运用各种材料。传统与现代穿插运用，如苏州博物馆无论是建筑还是室内在材料的选择上很多都是传统与现代的结合，如在屋面材料的选择上，既不改变传统的建筑色彩又克服了传统材料所带来的负面影响，是现代材料在博物馆设计中地域性表达的经典体现。

9.4　家具与陈设的地域性表现

家具是室内设计的一个重要组成部分，对其所在室内空间的功能质量和艺术效果有重要的影响。在空间环境气氛构成中，家具的选择、家具的摆放方式、家具间的组合形式都会直接产生影响，能充分反映空间使用者或设计者文化修养、职业特点、审美情趣和爱好。由于不同地域自然、文化、经济和社会环境的差异，家具的艺术造型及风格上各不相同，带有浓郁的地方性和民族性，尤其在家具的审美情趣上体现不同民族的历史文化的积淀，如中国传统明式家具的优美典雅，法国洛可可风格家具的繁华奢侈等。因此在城市文化建筑的室内设计中，在满足基本功能要求的同时，利用家具的布置与设计来加强地域特色的表现及特定环境艺术氛围的营造，在外形与形式上唤起人们的联想，在思想上也能够得到人们的共鸣。如浙江宁波天一阁藏书楼中摆放的明清时期的古典家具，彰显了浓厚的中国气派。

"陈设"一词源于《后汉书·阳球传》："权门闻之，莫不屏气，诸奢饰之物，皆各缄縢，不敢陈设"。陈设是在人类社会文化生活的长期发展过程中逐渐形成的，对人们的生活有着深远而持久的影响。室内陈设则指在室内环境中陈列、摆设的各类物品器具，是完善室内设计的有机组成部分，它的主要作用是丰富视觉效果、烘托环境气氛、表达设计意图、满足人们的精神需要。室内陈设的品类繁多，包括绘画、书法、浮雕、装饰灯具、窗帘、地毯、台布、古玩、漆器、工艺品等。由于陈设品本身的造型、色彩、图案、质感等均具有一定的风格特征、审美意义和完整的视觉表现力，因而对于不同空间的整体风格和主题的烘托能够起到画龙点睛的作用。陈设艺术品的尺度、色彩、风格、图案、质地与位置等要素应服从室内设计的构思，与周围空间场所相协调，使建筑与艺术品相得益彰，形成独特的环境气氛，共同创造整体空间的地域特色。

不同时期、不同地区和不同民族在陈设品上往往会体现出其历史、地域、审美情趣等方面的特色，对于室内陈设的喜好、要求也有所差异，如信奉伊斯兰教的民族，忌用猪作为陈设的图案；彝族将葫芦作为图腾崇拜而陈列于居室的神台上；藏族因信仰宗教而陈设的佛盒、唐卡等，都体现着各自不同的审美取向、象征意义与地域文化传统，成为地域性设计的主要来源。

在文化建筑室内环境中陈设品也占据着重要地位，对观者的心理、阅读或展示效果、工作效率有直接的影响。陈设艺术品对于城市文化建筑地域性表现也起着至关重要的作用，在其文化建筑室内空间中放置具有地域性的陈设品，营造一种超越美学界限、具有人文意义的文化氛围，传达出不同历史、地域、民族所特有的文化精神，使人们获得传统文化氛围的熏陶并以在此学习为乐，激发人们的求知欲。如在河南省图书馆入口处陈设的古铜鼎，作为该馆的标志性饰物，把商周古远文化融入其中，尊贵典雅，画龙点睛，一件饰品便重现了河南光辉的历史、展现了中原独特的地域文化。

陈设设计的地域性表现不仅要服从于整体空间结构的基本特征，更重要的是尊重和理解不同地域民族的文化传统。陈设设计对地域文化的关照是创造思想的重要源泉，对创作出丰富多彩的人性化公共空间具有重要的意义。

10　地域文化在文化建筑内部空间设计中的原则与方法

10.1 地域文化在文化建筑内部空间设计中的基本原则

城市文化建筑内部空间的设计隶属于室内设计的范畴，我们研究地域文化在其设计的应用原则可以从室内设计的应用原则中提炼，加以细化并运用到文化建筑室内空间的设计中去。室内设计作为一门综合艺术，是人类创造并美化自己生存空间的主要活动之一。设计者们往往要在符合物质功能和精神功能的双重要求同时，使设计符合美学原则，具有独特的创意，满足精神需求。也就是说，室内空间的设计要求为人们提供舒适的物理环境，并能为使用者提供符合身份、年龄、气质、民族、文化背景等方面的精神需求。现代室内设计的核心在于实现功能、科技与艺术的有机结合，而文化建筑的设计更是要考虑到公共室内空间的整体性和人性化。因此，在文化建筑室内设计中，除了考虑空间的基本功能外，还需要通过物质条件的塑造与精神价值的追求，为人们创造出舒适的环境。这种设计旨在分析地域特点和时代特征，将历史文脉和时代要求有机结合起来，塑造出符合时代需求且具有文化内涵的内部空间环境。在这个过程中，设计师需要运用先进的科技手段和艺术理念，结合人文关怀和环境保护等因素，精心设计出既美观又实用的室内空间。因此，在文化建筑室内设计中，需要注重功能、技术、艺术、人文等多个方面的协调，既要满足基本需求，又要表达时代精神和地域文化，以此为人们营造一个宜居、舒适的室内环境。

从整体到个体、从艺术到技术都需要慎重考虑，不仅要关注经济、实用、美观的基本要求，做到以人为本，还应继承传统文化精华以及不断创新思想，创造出适应时代需要，具有较高文化内涵、地域特色和个性特征的现代设计，这样才能使城市文化建筑不断走上新的台阶。

10.1.1 地域性与功能性有机结合的原则

古罗马建筑师维特鲁威在其建筑学著作《建筑十书》中指出"坚固、适用、美观"建筑三原则。对室内设计来说同样适用，"坚固、适用"与"美观"相互联系、缺一不可，分别为室内空间提供物质层面和精神层面的需求，满足物质功能和精神功能。室内环境设计通过空间的形式、色彩、材质、陈设等满足人的心理、生理及行为需求，为人们行为的合理化发展创造条件。

从这个角度来看，城市文化建筑作为公共性建筑，其设计首先要以为观者创造优雅舒适的环境，把满足观者的各种需求置于首位，避免各种干扰和污染，这是城市文化建筑室内外设计的核心。因此在城市文化建筑内部空间设计中，对于地域文化的选择首先应该与其功能相互协调。以物质功能要求为基本出发点，通过空间的合理组织满足实用、高效、经济的要求，即要考虑读者、工作人员等的活动规律，处理好空间关系、空间尺寸、空间比例，做好陈设与家具的布置，妥善解决通风、采光与照明，注意内部环境的总体效果。

在满足实用功能要求的同时，还必须考虑精神生活的需求，也就是要给人们提供一个舒适良好的心理空间环境。室内设计的精神功能就是要影响人们的情感，乃至影响人们的意志和行动。人的感情是由一定的客观事物引起的，是物质功能本身所表现出的审美、象征、文化等效果，所以设计者可通过各种方法和手段，对环境氛围、文化内涵、艺术质量加以重视，来影响人们的情感和意志，达到预期的设计效果。其实，地域性的表现正是满足人们精神生活需求的一个重要途径。因此，在进行地域性的城市文化建筑内部空间设计时，在满足基本功能需求的同时也强调精神功能，将实用功能与精神功能两者有机结合，将功能性与地域性有机结合，通过对所在地区文化的不同视角的表现，使其与空间环境有机融合，在强调结构和形式的完整同时，追求地域文化、材料、技术、空间的表现，使整个设计能突出地表明某种构思和意境，产生强烈的艺术感染力，更好地发挥其在精神功能方面的作用，创造出既能适应现代功能需要，又具有文化氛围的室内空间设计。

10.1.2 地域性与时代性相统一的原则

任何室内设计都必然同时处于特定的时间和空间中，换句话说，任何一个室内设计都是实际的而非虚拟的，都是特定时代和特定地域的产物。在城市建筑和室内设计领域，越来越多的空间形态趋向于相似，导致了建筑地域特色的流失。然而，在这样的背景下，保护和发展地域文化已成为了当代设计师们必须承担的责任和使命。在此过程中，我们应该看到全球化和地域化并不是对立的，而是相互交融、互补的过程。设计师们需要发掘和挖掘当地独特的文化资源，从地域文化中获取灵感，并将其与现代设计理念相结合，创造出新的设计语言和审美价值。这需要设计师们对历史和文化有深刻理解，并对现代设计趋势有敏锐把握。只有在这样的前提下，才能在全球化的背景下保持地域文化的多样性和独特性。不同文化的碰撞、交流和融合是不可避免的，只有多元文化的共存，才能使世界的文化更加绚丽多彩。全球化实际上并不排斥地域化，相反"越是民族的，越是世界的"，在现代设计语言上与地域、民族、传统、历史等方面进行沟通与兼容，从共性走向个性，从单一走向多元，正是当前室内设计的时代性特征。

贝聿铭先生曾说过"现代建筑必须源于他们自己的历史根源，就好比一棵树，必须起源于土壤之中，互传花粉需要时间，直到被本土环境所接受。"对于室内空间设计来说，要立足于传统，将本民族的历史文脉、地方居民的生活方式、传统习俗渗透进空间设计，使时代感与民族传统、地方特色调和统一。从室内设计者角度看，一个设计师对地域文化元素的应用应该是再诠释与再创造，在接受和理解历史的同时，更要关注当今时代的特色。一方面我们必须看到在信息化高度发达的现代，世界趋同的倾向、文化的共享是必然的。我们要善于汲取异质建筑文化中的精华。另一方面，还要深入挖掘民族的地域文化资源，取其精华。

在对城市文化建筑室内空间的地域性设计中，我们可以在现代结构和材料技术建筑的内部空间，用传统的表现手法和本土的形式符号对空间进行处理装饰，使室内环境具有明显的传统风格，营造出具有民族风格和地域文化内涵的现代室内空间。要善于把尊重时代和尊重历史统一起来，既要自觉地体现时代精神，又要积极地体现历史的延续性，把先进的文化和优秀的传统融合于自己的作品之中。此外，应把握好具有地域因素与具有现代形式两者之间的比重，在现代技术的内部空间中传统形式所占的数量不应过多，包括材质的肌理、陈设的选择等要点到为止，不能喧宾夺主，都应以满足观者的生理和心理需要为前提。

10.1.3 地域性与创新性相结合的原则

黑川雅之在《设计未来考古学》一书中提到："进入 21 世纪之际，地域文化的价值不再是保存，而必须构建出具现代思潮及精神层面的积极意义，如此个人与地域文化的发酵作用才得以产生，进而达到新的发展与应用。"这不仅仅是对地域文化价值的肯定，也提出了地域文化发展与运用的原则。在当代设计中，地域文化已经成为一种独特的价值资源。设计师们在保护、发展地域文化方面的使命也更加重要。地域文化作为人类智慧的结晶，与时代和社会发展息息相关。在全球化进程中，地域文化的价值不应该仅仅停留在保存，而应该在现代思潮和精神层面上构建出积极意义，以此达到地域文化的发扬和传承。地域文化与设计的交融，需要考虑地域文化的特点和发展趋势，尤其是在全球化竞争中如何维持地方与全球的平衡交互。在这个过程中，设计师应该从地域文化的角度出发，深入了解当地的历史、文化和民族特性，才能准确把握时代的脉搏和民族的个性，创造出具有地域特点的作品。

设计师在进行地域文化的设计时，需要以创造性为导向，不能仅仅以形式符号为能事。基于地域文化的设计需要考虑文化内涵、人文情感、时代要求等多方面因素，从而达到具有综合价值的效果。设计师在设计过程中，应该尊重地域文化的传统，保持对其内在价值的认识和理解，创造出具有现代性和地域特色的作品，让地域文化在现代社会中发挥出其独特的价值和意义。

设计的核心就是创造，设计过程就是创造过程，没有创新的设计，便不能称为设计，只属于复制。在设计中，立足于本民族的传统是很重要的，但不能因此停滞不前。设计师需要关注时代变革、科技进步、文化观念的变化，以满足人们对室内空间的需求。创新是设计的灵魂，不能一味地重复已有的设计模式。设计师应该在继承优秀设计的同时，注重独特性和个性，打造具有创新精神的室内设计，满足人们对于更好室内空间的追求，同时突显设计的独特性和魅力。我们在继承地域文化的特点时，既要吸收其精华，同时又要在吸收的基础上有所突破、变革和创新，开拓新的思维空间。

城市文化建筑室内空间设计是对其建筑内部空间环境的创作，这种创作是一种多层次、多元化、多方位的复杂过程。室内设计师必须清醒地把握设计创意的核心，除满足使用功能和物质技术条件以外，还要考虑其精神功能和社会属性。对于地域性与创新性的结合，首先要对特定的室内外环境进行分析，包括历史、自然地理、人文风格等方面的特征，吸取其文化精华，既尊重文化传统，又要正视现实，正确把握设计思想和创作意念，在充分领悟传统文化内涵的基础上，以新的观念和图示语言从空间、色彩、材质等方面进行再创造，在此过程中实现文化和地域性特色的传达和创新，创造出具有鲜明民族风格与时代特色的地域文化内涵的文化建筑内部空间。

10.1.4 地域性与可持续发展相结合原则

可持续发展强调尊重自然、爱护自然，与自然界和谐相处。而地域文化的形成正是人们在顺应和利用地理条件、自然资源和地方材料等，并融合了习俗、爱好和审美，逐渐形成的各具地域特色的文化特征。因此，在对待地域文化的发展问题上，要遵守可持续发展的原则，把可持续发展与地域性结合起来，不仅可以加强对传统的建筑和历史文脉的保护和再利用，而且能够继承和发展传统"绿色"思想。应尽可能利用可再生资源，降低建筑能耗，减小设计对环境的不良影响，在保护生态环境和地域文化的同时推进室内设计向前发展，这才是对可持续发展思想的最好诠释。

可持续发展对于地域性文化建筑设计来说，首先需要考虑到在能源、环境、土地、生态等方面的可持续性发展。如当地的气候特点及技术、地理、文脉、民族、宗教、空间模式、材料等方面，最大限度的利用自然资源，提高能源、资源利用率。设计者需要注重节约和利用室内空间，选择环保的绿色装饰材料，追求人与环境、人与自然的和谐，既要反映现代文化与技术的特点，也要保护和继承传统的文化与技术遗产，延长建筑室内装饰的更新期限，实现可持续发展目标，同时为观者打造一个舒适的室内环境。

如德国里昂纳多学院的图书馆，它所在的位置以前是一个马厩，红色的砖墙前往常是马儿们站的地方，如今马厩前陈列的是一排排的图书，建筑前立面完全透明，空间通畅明亮。设计师正是充分利用了现有资源，为师生打造了开放性、时尚性和亲和性的自由空间。

10.2　地域文化在文化建筑内部空间设计中的基本方法

地域文化是在特定的地域空间中形成的一种多重文化属性和地域特色的文化景观。城市文化建筑作为室内设计中具有鲜明地域文化特点的建筑，需要注重运用地域性的设计语言，以体现地域文化的本质和特征。通过深入研究和理解地域文化，室内设计师可以创造出符合当地人的需求和审美的舒适室内环境，同时也传承和发扬地域文化。因此，在城市文化建筑的室内设计中，注重地域性的设计语言是非常必要的。它包括室内装饰要与特定的室外环境及建筑风格相融合，做到因地制宜，特别是每个空间特有的功能特点和社会、历史、文化等背景协调。

10.2.1 主题设计表现

在室内设计中，"主题"是一个重要的概念。它指代着空间设计的中心思想，可以带来空间"场域"的效应，传达思想与情感。在空间中运用主题，可以带入不同类型的空间体验，让人在其中体味大自然美的凝练、地域文化、民俗情趣、都市的时尚，以及聆听美丽动听的故事，从而在审美体验中获得不同的场所精神，给人以深刻印象。空间中的主题设计需要通过各种设计语言和艺术手段，将所要表达的思想反映在整个空间内。主题设计不仅可以带来审美体验的享受，还可以促进人与"自然"、人与"空间"的无言对话，进而在人们的心灵中激起共鸣。因此，主题设计的引入可以使得室内空间在形式和意义上更加丰富和有意义，更好地满足人们在空间中的需求。

对于城市文化建筑室内设计的主题性表达是设计师创新思维的再现，是自然的真实与人的审美感动的统一。文化建筑室内设计作为建筑空间的功能性与艺术特征的延伸，应理性地面对不同的审美人群、不同的文化体验、不同的文化教育背景等各种因素，在室内空间设计中为表达某种主题含义或突出某种要素，设计师可通过对整个室内的艺术理解和对地域文化的领悟，经过分析后作出对整体空间艺术形象的设计构思，而这种设计观念在整个空间设计中占据核心地位，能够主控和指导室内空间设计风格的形成，有助于把城市文化建筑的环境的氛围上升到完美的精神境界。

设计主题不是随意产生的，而是在广泛了解当地地域文化的基础上，通过收集与设计相关的历史人文、自然生态、风土人情、科学技术知识等文化背景资料，汇总、去粗求精，选择有价值的、紧扣地域文化与设计主题的信息，逐渐物化为可视化的形式语言，进行产生的。

10.2.1.1 主题表现的手法

对于文化建筑及室内设计来说，应体现它是一个安静的公共文化中心、学习中心和信息交流中心。设计中，要处理好空间形体、人的心理效应和使用功能三者之间的关系，使设计满足功能的同时反映空间的主题和文化性格。在表达主题方面，可以运用不同的手法，如运用特定的色彩、材质、家具摆设、光影效果等，通过空间布局和氛围等手段来呈现。主题的表达手法有以下几种途径：

1. 借鉴法

设计活动中的借鉴，就是以前人、他人的设计作品或产品为镜子或者说参照，将自己的设计跟他人作品相比较，以便取长补短或引为借鉴。现代设计中的借鉴不是简单的模仿，而是在历史传统风格、民族工艺文化、装饰艺术中借鉴所需要的东西，并在此基础上有所创新，反映时代感、地域性。

不同的历史时期、不同的民族，就有不同的文化特点。传统的文化中有许多东西是我们可以借鉴和运用的，如形态的巧妙搭配、色彩的灵活运用及民俗喜好的浓缩柔和以及充满智慧的寓意象征的表现。在室内设计中运用借鉴法展现地域文化，设计师应仔细研究传统文化的特点，并在现代生活和现代环境中寻找与之相关的元素，进行创新以适应现代需求。通过借鉴历史时期代表性建筑的内部空间形态，运用不同的材料和色彩搭配，设计师可以在保留传统元素的同时，赋予其新的内涵和个性，以突出主题。这种创新设计可以体现地域性和民族性，同时反映现代意识和功能需求，实现传统与现代的结合。

2. 提炼法

"提炼"一词在《辞海》中被解释为："用化学或物理的方法从化合物或混合物中提取所需要的东西。"在艺术设计中，提炼是指从众多设计元素及设计语言中，提取合理表达主题的艺术元素。设计师从原始材料中，提取对设计更有作用的部分，如与主题有关的文化艺术特征，丢弃没有用的东西，创造出反映主题文化的空间形态。

现代文化建筑在信息技术的推动下由功能简单向功能复杂不断发展，建筑结构逐渐向单一的开放性结构发展，因此，在满足文化建筑使用功能、技术要求的基础上，可以把地域建筑的形态或传统构件、装饰等抽象提炼出形体来，运用到建筑空间形体上，让人产生无限遐想。

如美国俄勒冈州新建的比弗顿市立图书馆，为呼应比弗顿市的"树木之城"的称号，及对图书馆前那棵美国大梧桐的回应，在进行阅览室设计时，运用简朴的形式及尊重自然美的主题，屋顶设计为有几何规律、有层次的木甲板式结构，并开设与之相呼应的天窗，把自然光引入室内，节约能源；从设计主题"树木之城"中提炼出"树"的形态，以曲线胶合木组合柱构成"树"状结构，这种木结构既满足了支撑屋顶的结构性能要求，也符合所在地域的形象。

3. 联想法

设计师在设计特定文化主题的文化建筑时，需要运用联想这一心理现象，将人们熟知的主题文化的某个空间场景或文化意向映射到新的空间形态中。这种联想可以通过控制空间比例和尺度来引发观者对空间的想象，让他们深入感情领域，产生深刻而富有吸引力的效果。设计师的独特理解对于空间表现也至关重要，通过对主题文化各个精神要素的研究、分析和抽象，运用多维应用来再现和延续主题文化，以此打造出具有吸引力的新空间形态。这样的设计方法可以让观者在空间中深入体验和领略主题文化的魅力，达到空间设计的最终目的。

对空间形态的设计是植根于主题文化的大胆尝试，运用联想法表现赋予建筑空间微妙的暗示性或戏剧性效果，达到一般性和戏剧性的完美结合。如由贝聿铭设计的肯尼迪图书馆，是为了纪念美国总统约翰·肯尼迪而建造的，这就决定了该建筑的纪念性与观展性的特点。但根据总统夫人杰奎琳的建议和贝聿铭的理解，在设计上用一种更为隐喻的方法来表现图书馆的纪念性。整个图书馆设计本着让其为公共的文化中心的思想，不以歌颂和宣传为目的，建筑中没有出现肯尼迪的塑像，以强烈、大胆的表现手法象征肯尼迪总统任期的年代是一个青春、活力、生机勃勃的年代。肯尼迪图书馆大厅的设计采用了黑色钢架和玻璃幕墙，玻璃幕墙突出并与白色楼层形成强烈反差，顶部悬挂着一面巨大的美国国旗。设计师以黑色和白色简洁的色彩组合来表达对美国总统逝世的哀悼和尊敬，充分体现了"不是'纪念碑'的纪念碑"的主题。在西方文化中，黑色代表哀悼和压抑，而白色则象征光明、高雅和纯洁。贝聿铭的设计巧妙地利用了这两种颜色的象征意义，传达出对总统的怀念和赞美的情感。这种简洁而深刻的设计语言，展现了设计师对主题的独特理解和艺术表现力。

10.2.1.2 主题表现的手段

主题表现的具体做法是针对设计主题选择所有有助于表现地域文化内涵的材料、色彩、陈设等，经过合理的安排组织，灵活应用于各处，从而表现出一定主题特征，带给人们多姿多彩、具有地域特色的环境空间氛围。

1. 运用材料设计创造空间主题

优秀的设计艺术作品，主要取决于体型、线条、对比和良好的设计创意，而最终的装饰效果则是通过选择正确的材料及装饰材料的质感、色彩和灯光的配合取得的。可见，对于室内空间的主题表现，装饰材料起到了至关重要的作用。

人在室内空间通过感知材料来认识空间，材料可以进行多重感知并具有一定的人文特征，感知材料就是感知空间的存在方式和文化脉络。材料的选用不仅能满足人们使用功能上的需要，还能让人在空间中通过感知、联想，满足人精神上的需求，体现更多的人文关怀。正如建筑设计大师赖特所说"每一种材料有自己的语言……每一种材料有自己的故事"，对于创造性的艺术家来说，每一种材料有自己的信息，有自己的歌。通过对材料形态、色彩、纹理、光泽等特点的感知，可以为设计者表达不同的设计思想和审美意图提供丰富的艺术语言。

城市文化建筑的室内空间设计是体现设计主题的重要手段，材料的选用和设计则是室内空间体现地域文化效果的重要因素。材质的地域性特征在某种程度上能够表达出民族性的情结，因此应用富含地域文化特性的材料围合成的室内空间环境，具有满足使用功能和审美需求以及文化底蕴的三重功能。材料的选择应该基于对其品质的了解，包括美学特征、历史与文化价值、结构与空间价值和生态环境等。设计师应尊重材料的本质特征，结合具体主题要求，巧妙地选取、组合、变换材料肌理与质地，以此创造出富有特色的内部环境，共同表达某种环境的主题氛围。

清华大学图书馆新馆是一个典型的例子。它基于"建设和谐统一的建筑环境、尊重历史、尊重有历史价值的旧建筑，尊重前人的劳动和创作"重要原则进行设计，采用与老馆相呼应的手法，在体量组合、材料色彩运用、装饰细部的设计方面，采用了红砖砌筑横竖交替变化的方法来划分建筑的不同部位，并形成装饰带，延续了校园悠久的砖建筑特色。这种手法既体现了清华大学的历史和文化底蕴，也为新馆增添了精致性的魅力。在这里，砖所呈现的是一种强烈的文化学术氛围。因此，在城市文化建筑的室内空间设计中，正确选择材料并将其巧妙地应用到空间中是非常重要的。材料应该能够体现地域文化的特征和设计主题，而设计师应该注重材料的本质特征，选取、组合和变换材料的肌理和质地，以此营造出富有个性特色的室内环境。通过这样的方式，设计师可以表达出主题文化的精神内涵，并让观者在空间中产生深刻的印象和共鸣。

2. 运用色彩设计渲染空间主题

英国建筑师约翰·乌特勒姆曾说过："色彩是概念性的，为建筑构造的物质性增添了理想化的色彩。不存在色彩的建筑技术，也不存在色彩的高科技。色彩知识纯粹的理念，纯粹的知性，纯粹的情绪。"色彩是室内设计中至关重要的元素，它可以为空间带来不同的情感表达和氛围感受。色彩的使用不仅可以增强室内空间的舒适度、视觉效果，还可以有效地营造出具有个性和主题的空间环境。在设计过程中，设计师需要考虑到空间的主题和使用功能，从而选择合适的主色调，并在此基础上进行局部变化。通过对色彩的精细控制，可以创造出不同的情感和表达效果，如深沉、活泼、安静、纯朴等，为观者带来视觉和心理上的愉悦体验。同时，在进行色彩搭配时，设计师还需要考虑到色彩的互补和对比关系，以及与室内材料的搭配和衬托关系，创造出充满层次感、秩序感和个性特点的空间环境。总之，通过对色彩的精心运用，可以为室内空间营造出与主题相符合的氛围，使其更加生动、丰富、有趣。针对文化建筑室内空间的设计应切忌选用过多的点缀色，这将使室内显得凌乱，影响到观者的心理感受。

3. 运用陈设设计突显空间主题

室内设计中的陈设艺术，不仅可以表达空间主题，营造空间氛围，还可以进一步强化室内风格。陈设艺术的历史承载了人类文化发展的缩影，其不同的内容也反映了不同时期的文化特征，包括历史文化、风俗习惯、地域特征等。它所蕴含的造型、色彩和图案等元素，为室内设计提供了更大的创作空间，有助于强化室内风格。在文化建筑室内空间设计中，陈设设计成为突显设计主题的重要手段。墙壁上的各类绘画艺术、图片、壁挂，家具上的瓷器、陶罐、青铜、玻璃器皿、木雕等陈设品，可以表达民族性、地域性和历史性特征，赋予空间不同的气质和内涵，以完善整体设计理念。这是国内外最常用、最具表现力和感染力的主题表现手法之一，因此设计师应该注重陈设设计的创新和实用性，尽可能在创作中注入自己的想象和个性，以满足人们的审美需求，打造出具有强烈文化特色和个性化的空间环境。

10.2.1.3 主题表现的形式

1. 隐喻性

"隐喻"一词来自希腊语 Metaphora，其字源 meta 意思是"超越"，而 Pherein 的意思则是"传送"。隐喻是在彼类事物的暗示下感知、体验、想象、理解、谈论此类事物的心理行为、语言行为和文化行为。隐喻性是设计中一种重要的表现形式，它强调了社会文化和使用者个人文化对于设计的影响。通过对主题地域性的抽象、提炼和概括，设计师可以选择有意义的符号，并进行简化、变形、位置改变和组合等操作，运用新的材料、施工方式和结构构造方法来创造出视觉符号，强调主题的特征。在文化建筑室内空间设计中，隐喻性的表现形式可以用来强化时空性、地域性和纪念性特征，满足当代人精神需求，适应多元化表现的需要。与简单地挪用符号不同，隐喻性需要设计师深入思考，选择最具意义的符号，并根据设计主题进行加工和处理，从而体现出设计的独特性。隐喻性的主题表现形式能够突出室内空间设计的主题性，达到富有表现力和感染力的效果。设计师应该注重隐喻性表达的巧妙运用，将其融入室内设计中，从而打造出独具匠心、别具一格的文化建筑室内空间。

如新西兰北岸市伯肯黑德图书馆建筑设计理念就是源于一篇描述在古树林中游历的文章，而该馆正是坐落在文章中提到的树林中，享有高架尼尔费舍尔太平洋战争纪念区独特的环境，并提供包括东部的朗伊托和科罗曼德岛屿和西部的怀塔克雷山脉，设计师便将虚与实、光与影结合起来，利用透明感、光感、图案和样式的变化组合，使阳光下人们能从中感受到随时间变化而微妙变化的光影效果，让人如同置身于古代丛林之中，带来一种舒服、自然的感觉；晚上整个建筑变成透明的发光物体，投出光芒，从而显得通透亮丽，如同夜间的萤火虫般照亮这片幽静的森林。

2. 叙事性

所谓"叙事"，就是讲故事，是一种人类本能的表达方式。美国学者浦安迪说：

"说到底，叙事就是作者通过讲故事的方式把人生经验的本质和意义传示给他人"。而叙事性设计是指设计作品除了满足所谓的"使用功能"以外，还要满足"设计的某些表达功能"。也就是说，叙事性设计以讲述故事的方式来营造室内空间氛围，传达历史事件或民间传说的内涵。这种设计方式更为直接和具体，通过独立完整的形象和物体，为室内空间增添了趣味性和知识性。同时，叙事性设计可以突出主题性，展现空间的个性化，传达地域的文化和历史，为室内设计增添了文化性。

每个场所都有其独特的气质，这种场所精神是指其所具有的独特特性和特征，是区别于其他场所的条件。场所认同感则是人们对场所精神的认可和接纳，是场所精神的一种体现。世界上的许多地区都具有自己独特的场所特性，例如法国的埃菲尔铁塔、卢浮宫、凡尔赛宫，印度的泰姬陵，中国的故宫和长城等，这些场所特性是由自然地理环境和文化背景所决定的。随着全球化进程的加速，地域文化的丧失，人们需要通过营造场所氛围来保持场所特性和认同感。因此，在设计中，我们不仅要将建筑与周围环境融合起来，还要将当地的认同感体现在场所之中，形成统一的场所精神。

建筑与人类学家拉普卜特认为，环境设计是信息编码的过程，而使用者则是在对其进行译码。因此，空间环境中所包含的信息可以被人们根据自己的体验赋予环境意义，空间环境因此具有叙事性的可能性。场所认同感基于人的活动，是动态的，场所空间的叙事性设计是实现场所认同感的途径。通过场所空间中的隐喻性设计、叙事性设计等手法，人们可以在场所中产生共鸣和联想，从而加深对场所精神的认同感。

因此，对于设计师来说，如何通过设计手法来强化场所精神，提高场所认同感，是一个重要的课题。在设计过程中，设计师可以考虑通过空间布局、材料选择、色彩搭配等手法来体现场所特性和文化内涵。此外，在场所的细节设计上，可以运用隐喻性设计、叙事性设计等手法，让场所更具有人文气息，更容易被人们所接纳和认同。这样的设计不仅可以提高场所的使用价值，也可以增强场所的文化价值和品牌形象，从而实现场所的更高层次的发展和成功。

（1）叙事空间的情节安排

叙事空间的情节安排是在空间序列组织中为了表达设计主题，把场所内的生活情景和设计师对生活、人生的感悟融入其中。合理的情节安排不仅可以营造富有感染力的空间环境，也能够吸引参观者积极参与，提高观赏的艺术性。在具有特色的空间环境中，情节安排应该聚焦于展示文化内涵，从而形成具有感染力的空间氛围。电影中的叙事手法也可以运用到情节安排中，通过构思一系列的情景来串联不同场所，让参观者在体验中领略主题的深意。情节安排要贴合主题需要，采取倒叙、并叙、跳叙等手法来展现不同的场景，以便于引发参观者的情感共鸣。通过合理的序列组织和情节发展，参观者可以在空间中获得情感上的共鸣，从而深入理解主题。因此，在设计中，情节安排的合理性和叙事手法的简洁明了性非常重要，只有这样才能让观者更好地理解主题并享受到观赏的乐趣。

（2）叙事空间的序列变化

在文化建筑内部空间设计中，明确的空间序列是引导观众感知文化发展脉络的关键。通过序列变化的方式，形成具有吸引力的叙事情节，具体表现在以下三个方面：

首先，序列的节奏变化是叙事空间的重要组成部分。在文化建筑内部空间设计中，通过安排开始、过渡、高潮、结束的顺序，构建整体升腾跌宕的节奏感。这样的安排能够让观众感受到情节的紧张感和悬疑感，从而更加投入到文化体验之中。

其次，序列的方向变换是让观众在空间中不感到单调和枯燥的关键。根据叙事情节的需要，设计师会安排不同的人流动线，使观众在空间中沿着不同的方向前进。通过水平和垂直两个层面的变换，能够改变观众原本的方向，丰富序列空间的感受，使观众在空间中获得更多的体验感受。

最后，叙事空间的尺度感也是影响观众心理体验的关键因素。不同规模的场所会给人带来不同的体验。在空旷的场地中，观众会感到自己的渺小，从而加深对文化内涵的感悟；而窄小的场所则会带来心理上的压抑和拥挤感。因此，在设计中要根据不同的文化内涵和情境需要，合理地设计场所的尺度感，使观众在空间中获得更加深刻的文化体验。

（3）叙事空间的表现方法

在地域性文化建筑的主题设计中，叙事编排是通过展示具有风土民情的壁画、书法、瓷器、陶器等，向人们传达不同地域文化的特色和风貌。这种叙事形式主要基于历史片段、民族文化、社会习俗等，编排成含有故事情节、典故、人文典故和图形纹样等艺术形式。通过设计者精心安排的空间路线，人们可以在空间序列的刺激下感受到场景和秩序的变化，就像音乐和戏剧中的主题和结构变化一样，从中体验到审美的愉悦和艺术的感染力。在内部空间环境中，设计者可以将与主题设计相关的历史文脉、人物、景物、事件等重新加以解构、编排和组合，并在同一空间序列中呈现出来。通过模拟的手法，将各种资源信息呈现在同一空间内，形成似曾相识的意象特征，使人们深刻感受到地域文化的独特魅力。此外，光线、色彩、雕塑、文字说明等也是表达地域性文化的重要手段，它们与叙事性的空间设计相辅相成，共同营造出具有强烈吸引力和感染力的空间环境。通过这样的叙事设计，人们可以更好地理解和欣赏地域性文化，感受到历史的沉淀和地域特色的魅力。

可以说，叙事性主题设计是一种较为直接的具象写实的手法，它围绕某个中心主题，对各种文化素材重新加工整合创造出来的空间动态形式和整体氛围特征，带有极强的个性化情感和体验色彩，可以随着创作主题的变换建立起新的空间意象。

10.2.2 符号设计表现

10.2.2.1 符号的文化属性

所谓符号，就是以一个事物（媒介）代表或指涉另一个事物的东西。它是负载和传递信息的中介，是认识事物的一种简化手段。符号有多种存在形式，如文字、语言、音乐、绘画等。而把符号作为一门学问来研究最早是在 20 世纪初，瑞士语言学家索绪尔、美国哲学家皮尔士提出的。直到 20 世纪中叶符号学才成为一门真正的学问得以被广泛研究，并逐渐引入设计的领域。

符号是由形式和意义所组成，是某一种概念或意象的载体，是人类内心世界的情感、审美知觉、想象力的反映。人类精神文化的所有形式，包括语言、神话、宗教、艺术、科学、历史、哲学等，都可以看作符号活动的产物。卡西尔在他的《人论》一书中也曾明确指出："符号化的思维和符号化的行为是人类生活中最富有代表性的特征，并且人类文化的全部发展都依赖于这些条件，这一点是无可雄辩的。"前苏联语言哲学家巴赫金也曾说过："一切文化都可称为符号，因为，一切文化总是表现为各种各样的符号，文化的创造在某种意义上说就是符号的创造。"因此，符号作为信息的表达形式，也是文化的载体，人类生活在符号和符号创造的文化中，不断地创造、丰富文化。通过符号向观者传递信息，显示文化意义和时代精神。

符号在文化中扮演着重要角色，而图像、图形是最常见的符号表达方式，传递给人们的是深具文化内涵的象征体系。以中国为例，符号在中国文化中是不可分割的一部分，而其题材和内容非常广泛。例如，"丹凤朝阳"图案将美丽的凤鸟和红日结合在一起，象征着美好和光明；"龙凤呈祥"图案则将龙和凤结合，象征着太平盛世和高贵吉祥；"五福捧寿"图案中的五只蝙蝠围绕着一个"寿"字，寓意着吉祥和长寿。这些符号传达给人们的是深刻的文化意义，富有象征性，且经久不衰。在设计中，运用这些符号可以营造出富有文化内涵的空间氛围，同时也是向观众传递文化信息的有效方式。

另外，也有运用琴、棋、书、画来表现文人志趣，用梅、兰、竹、菊来象征人的品格高尚。这些具有文化意义的象征图形，其实正是笔者所强调的文化意义的符号。

符号是人类之间的一种约定，是一种特定文化背景下产生的文化符号，具有鲜明的民族文化特征和独特的艺术价值。符号的意义和象征含义是根据其所在的文化环境和历史、地域、气候等因素而来的，例如在中国传统文化中，"龙"是帝王的代名词，象征威严和吉祥。而在英语文化中，"龙"则是邪恶的象征；同样的，日本把龟视为长寿的象征；中国把仙鹤、松柏视为长寿的象征。这些符号的意义只能在其所在的文化系统中进行解释。

因此，在设计中要注意符号的文化背景和意义，以确保符号的正确使用和传达。设计师需要对不同文化中的符号进行深入了解和研究，从而避免出现不当使用符号的情况。例如，在设计一个具有地域文化特色的建筑时，设计师可以运用该地区的文化符号，以传达文化内涵和情感认同。而在跨文化设计中，设计师需要更加谨慎地运用符号，避免出现误解或冒犯他人的情况。在设计中，我们要将文化符号融入现代艺术设计中，去其糟粕，取其精华，使其表达的意义与现实相一致，符合当代审美需求。

10.2.2.2 符号化原则

符号是人类认识事物的媒介，表达或负载特定信息的代码和手段，人类只有依靠符号的作用才能实现知识的传递和相互的交往。符号作为文化的产物，其概念外延相当广泛，如在艺术作品当中河流、山川、人物、花鸟等艺术形象都可以看作人类对大自然传递图像的一种符号组合。这些艺术符号以其特有的形式语言表述人们内心的感受、想法，赋予人们无形的情感经验和精神风貌。在《情感的形式》一书中苏珊·朗格就曾提过："艺术，是人类情感的符号形式的创造"。而符号作为非语言符号，在设计中具有重要的作用，不仅要遵循美学原则，更要表达特定的文化内涵。设计中的符号受地域文化的影响，因此合理地"借用"符号是非常必要的。这种"借"并不是简单的复制，而是对符号的选择、转换和组合，使其更好地表达地域文化特征，并且符合现代审美需求。在设计中，内容与形式的统一也是很重要的，符号需要在实用和审美、物质和精神之间达到一个平衡，以更好地传达文化内涵。

1. 符号的选择原则

所谓选择，就是在混乱无序的情境中把用得着的成分提取出来，而把用不到的成分舍弃。它不是简单的取舍，而是自然的加工和提高。

在进行地域文化符号的设计时，需要深入了解符号的背景、来源、用途、约定等方面，以确保所选择的符号能够代表地域文化特点。符号的意义定位也是非常重要的，只有准确的意义定位才能让人们对设计表达的含义达成共识，并产生心理上的共鸣。同时，符号的选用还必须与周围的环境相融合，以确保其准确、恰如其分，与其他造型因素统一，切合环境主题。因此，在设计符号时需要进行充分的调查和分析，选择能够反映地域文化特点的关键符号，并在设计中做出最大限度的运用和创造。同时，设计师还需要注意符号的文化基础，确保符号不会偏离大众的普遍理解，从而保持符号本身的意义。

2. 符号的创新原则

在设计中，我们需要将现代的美学观念与传统造型中的符号元素相结合，创新地运用这些符号元素，以表达设计理念，并且体现地域特色。这需要我们对符号进行重新整理、打散、重构，以形成新的符号构架，同时保证符号的意义不会影响到人们对原有符号的理解。符号的创新是有限度的，不能随意篡改符号意义，应该尊重其文化传统和符号本身的内在意义，以便更好地传承和发扬传统文化，同时也满足当代审美需求。在符号创新的过程中，我们应该坚持原则，确保符号的意义能够被人们理解和接受，同时也能够为人们带来更加深入的审美体验。

符号和事物之间存在着表征与被表征、理解与被理解的关系，不同文化背景和经验背景对于同一图形可能会产生不同的意义解读。以地域文化符号为主要元素的设计中，将传统的符号元素加以改进、提炼成充满现代特色的设计符号，把传统造型的构成方法与表现形式运用到现代设计中来，以表达设计理念，并体现特定的象征、暗示意义。在设计形式与内容都日趋同质化的今天，这种符号的再创造是在理解的基础上，反映不同地域的风俗习惯、道德观念、思维方式、审美标准，在一定程度上已成为设计取之不尽用之不竭的创造源泉。

10.2.2.3 符号表达的形式

在室内设计中，符号作为一种非语言符号，是设计师表达情感和概括设计理念的重要手段。符号的应用方式因设计主题和空间要求而异，有些设计中符号的作用明显，而有些则隐含在其中。符号的艺术性体现了空间形式和内容的表现性，其选择和表达形式会影响接受者对设计的感知和认知。合适的符号能够加强设计主题的表达和室内环境的整体性，并增强人们对空间的情感投入。符号的应用要因地制宜，合理运用不同的符号表达方式，如图形、色彩、材质等，来满足设计需求和表达意图。同时，设计师还应该考虑符号与室内环境的协调性，使符号在空间中自然融入，不突兀，使人们在接受设计的同时产生归属感和情感共鸣，达到设计的最终目的。在文化建筑的室内空间设计中，符号的应用主要通过以下两种方式进行：

1. 符号的直接性表达

在城市文化建筑室内空间设计中，符号被提取出来并以各种形式应用于基本造型中，以表现文化意义，令人难以忘怀。符号可以使用不同材料、不同构件、出现在不同部位，产生独立而完整的形象和物体的感受和印象。

荷兰乌得勒支大学图书馆在设计方面，设计师不仅使建筑具有了功能性和实用性，而且从各个建筑的内部装饰来突出当地的文化特征。建筑整体色调统一为白色，增加空间的透明感和整洁度，通过材料、细节和颜色方案的精心挑选，将符号运用到设计中，将老式的传统风格自然地融入室内的现代设计之中，它创造出了一种具有吸引力的、让人可以勤奋好学的环境，提高建筑的传统特征并创造了一种新的现代面貌。

2. 符号的间接性表达

设计师可以将地域文化符号作为基本元素，运用自己的才智、创造力和文化修养，对符号进行筛选、变形、组合和重新编排，将其与现代文化相结合。将抽象化符号应用于设计中，设计师可以表达地域文化的特点，同时也能在观者心中唤起情感反应和联想。符号在设计中的应用不仅可以增强设计作品的文化内涵和艺术表现力，更可以唤起人们对文化传承和历史文化的重视和关注。

美国巴英顿图书馆建筑是一座扩建工程，设计师在室内廊道中精心设计了一排木结构柱子，柱头上呈现出许多木衍架，与周围环境相融合，犹如自然生长的树枝一样。虽然每根柱子上的木衍架形式相同，但由于位置有所变化，给人以千变万化的感觉。这种设计方法不仅让新老馆建筑和自然环境相互融合，也为人们带来了与自然共生的愉悦感。

符号作为一种非语言的表达方式，不仅仅是指形式上的符号，更是一种文化和情感的体现。在设计中，符号可以以直接或含蓄的方式表现地域文化的特征，传达信息和情感。这种符号不同于语言的文字，不同的文化背景和个人经验对其理解有着影响。因此，设计师在运用符号时要充分考虑目标受众的文化背景和理解水平，并通过有形和含蓄的符号来达到设计的目的。符号不仅仅是一种形式，更是一种态度和价值观，只有在符号和文化背景的相互融合中，设计才能达到更高的境界，让符号更好地传达信息和情感。

位于加利福尼亚州圣·加百利山的西尔玛图书馆是一座充满地域特色的建筑。设计师在建筑的色彩设计中运用了符号的概念，通过环境中的色彩元素，将建筑与周围的自然环境融为一体。例如，屋顶钢铁盖板上涂染的颜色，反映了周围环境中的色彩元素，使建筑与周围环境相协调，同时，锯齿形的屋顶结构则呼应了周围蜿蜒的山峦。整个建筑既具有现代城市化风格，又具备地域特色，形成了一种与周围环境和谐统一的美感，从而表达了地域文化特征。

澳大利亚维多利亚港的新圣心小学图书馆的设计理念就是用微妙的方式来

凸显学校的特征。图书馆位于两座 19 世纪建筑圣心教堂和学校礼堂之间，设计师在设计时通过对地域、宗教色彩的提取及重新组合，来保证图书馆与这两座建筑的协调及对学校传宗教文化的体现；设计通过对天主教的视觉语言进行重新定义，采用众多有创意的元素符号，将学校的传统及定位清晰地展现在建筑的室内室外，用间接的方式体现出学校的宗教文化。如在建筑内外通过对传统心形符号的变形描绘出对耶稣圣心的恭敬，形象地描述了学校的名字——圣心。建筑设计一组形状各异的侧窗及玫瑰红色屋顶，能够很好地促进室内采光和通风，不禁让人联想到巴黎圣母院的中棂窗子及象征天堂的玫瑰花形的大圆窗，以此联想到周围的礼堂和教堂内的空间。

以上所提到的设计方法并非各自独立，而往往是相辅相成互为因借的。设计师在面对不同的设计对象时可以根据不同的空间需求、设计的倾向性及选择的设计重点提出不同的设计策略，使用不同的表现方法。事实上，基于地域文化的城市文化建筑的内部空间设计并不是若干种封闭的设计手法和原则所能涵盖的，它是一个发展与开放的动态过程，即在传统地域文化的背景下，结合新的科学设计理论与方法，进行创作。通过不断的融合与发展，为文化建筑的室内空间设计提供养分，从而促进室内设计不断地向前发展。

10.3 典型实例分析：国内外地域文化在文化建筑内部空间设计中的诠释

10.3.1 浙江宁波天一阁

始建于明朝嘉靖四十年（1561 年），到嘉靖四十五年（1566 年）落成，兵部右侍郎范钦的私人藏书楼——浙江宁波天一阁，是我国最富代表性并保存至今的藏书建筑。

藏书楼整体采用中国传统木质结构，根据《易经》所说的"天一生水，地六成之"的含义，把藏书楼定名为"天一"，寓意为以水制火，来寄托藏书楼免遭火灾的愿望。整个楼阁及其周围初具江南私家园林的风貌。此外，把主体建筑"宝书楼"建成两层，采用六开间重檐重楼硬山式建筑，坐北朝南，分上下两层，楼上无墙无壁是相通的一大间，以书柜相隔，体现"天一生水"之意，既能充分利用空间，又能节约投资。楼下则打破一般建筑物忌用偶数的格局，把传统的三开间、五开间、七开间改为六开间的空间组织形式，与"地六成之"结合，东西两旁筑起封火墙。在楼下中厅的阁栅里，还描绘了很多水波纹作为装饰，以突出"天一生水"以水克火的主题。

其建筑风格上具有江南建筑的特点，书楼建筑的设计、装饰、书橱书架的款式等都有人们习俗、礼仪、技巧甚至艺术和传说等地域文化的内容注入其中。书楼所装饰的青绿两色锦纹、承重柱画云纹及水波纹、人物、飞天（仙）、飞禽、走兽等，体现着古代浙东的风尚观念和趋吉辟邪习俗。砖雕、木雕、花窗等装饰也丰富了建筑的内容，装饰精美、工艺精湛，具有很高的艺术价值。

在藏书楼的安全设计上，也做了精心设计。其前后开窗，有利于空气流通。

书橱两面有门，可前后取书，透风防霉，厨下放有英石用于吸收潮湿。天一阁藏书楼中一共使用 20 只书橱藏书，橱号的区分以"龙、日、月、星、辰、温、良、恭、俭、让、仁、义、礼、智、信、宫、商、角、徵、羽"来命名，如"龙"橱是用来存放乾隆皇帝御赐的《古今图书集成》的，就放在"宝书楼"匾额下的书橱里，因为是皇帝所赐，所以书橱做得特别高大，橱门上还雕刻着中国传统吉祥图案双龙纹。这些细节的设计既反映着当时的工艺、技能、方法和经济文化的水平等，又反映着地域风尚习俗和对文化与自然生活的认识与理解。

10.3.2 马丁·路德·金图书馆

位于美国加州圣荷西市的马丁·路德·金公立图书馆（Dr. Martin Luther King, Jr. Library），也是圣荷西州立大学合作分享的大学图书馆。其设计便是通过对各类文学、哲学、艺术、宗教信息的过滤、选取、整理与组织，确定设计主题和视觉符号，在满足图书馆的基本功能前提下，最终在空间、环境、陈设、装饰中表现艺术化（地域性）的视觉效果。

图书馆的主题设计为"Recolecciones"。追溯西班语言"Recolecciones"的拉丁词根 LECT，意思是"采集"和"阅读"。"Recolecciones"译为"记忆"，但同样也有"收获"之意。设计师基于"采集、阅读、收获、记忆"的主题展开叙事性设计，结合对圣荷西市特殊的文化或历史底蕴的挖掘，让人们在阅读的同时聚集在一起追溯他们往昔的方方面面，使图书馆成为大家收获知识、收获记忆的场所。通过桌、椅、书架及墙板装饰、雕塑性的天花板、令人好奇的灯光规划等的设计来鼓励读者冥思。

儿童专题区域天顶则装置着 10 盏灯，其设计对应着 19 世纪《瑟菲罗提克之树》图表，暗示着那些不同语言、宗教和流派的人们对"生命树"的回应，是对阿拉伯族和犹太族的生命、语言和信仰之间联系象征性描绘。在图书馆二楼自由排列了 81 张皮椅，每把椅子都标示了原始圣荷西牧场的 43 个家畜烙印中的一个标记。在马丁·路德·金图书馆的设计主题中，充满着隐喻和故事的视觉叙述，图书馆已经不只是一个书的聚集，更是设计师将内心对世界的认识、对经典文化的理解通过空间、造型、材料、技术等各个环节转化为具有细节美的视觉形式并传递出来，保证功能的完备的同时从艺术的角度去表现历史长河中遗留下的富有文化底蕴的艺术形态。

10.3.3 亚历山大图书馆

建于公元前 3 世纪的亚历山大图书馆曾是历史上最大的图书馆之一，却屡遭劫难，先后毁于两场大火。2002 年新建的亚历山大图书馆正式对外开放，建设目标旨在唤起人们对科研的关注、提升并振兴埃及文化、振兴阿拉伯世界的文化，继而振兴地中海地区及整个非洲。这个向地中海倾斜的巨大银色盘状屋顶，也就是阅览室的屋顶，既象征古埃及的太阳神与古埃及文明，又令人联想到宇宙天体，预示图书馆的发展和未来。直径达 160 米的圆形的屋顶被划分成矩形跨间，每个跨间沿对角线分成两个三角形高侧窗，并安装了玻璃遮阳板，形成了屋顶的图案装饰效果。这如此巨大的空间由 98 根有序排列的混凝土柱子支撑，形成室内的柱林，柱子的柱头设计有古埃及莲花蕾柱头的意味。以创新的思路，通过多姿多彩的几何形状，将圆柱、穹顶巧妙结合，具有强烈向上的动势特征，含蓄地勾勒出该馆的悠久历史，创造了一个现代化和人文的建筑空间，犹如一个真正的"图书大教堂"，重现着古代亚历山大图书馆开放、自由、理性的精神，为世界呈现新的学习灯塔，吸引读者步入知识的殿堂、达到更高的精神境界。外围的花岗岩质地的文化墙由多块 2 米宽 1 米高的巨石建成，镌刻着包括汉字在内的世界上 50 种最古老语言的文字、图案、字母或符号，凸显了文化蕴藏与文化氛围的构思和创意，使人想起古埃及神秘的墙壁。这座建筑与亚历山大的历史风貌、人文景观和谐交融，体现出图书馆厚重的历史风采。

10.3.4 苏州图书馆

2001年建成的苏州图书馆新馆的设计就是建立在不破坏原有地域文化特点和古建筑的结构的前提下，按现代图书馆的功能需要，借用苏州古典园林的建筑技法并结合仿古宅院"天香小筑"的环境，运用分解、切割、变形、组合等现代设计手法，通过墙面的虚实处理和局部传统符号的点缀，传统细部处理，体现现代与传统、人与自然的和谐统一，从而表达浓郁的地域文化特色。如门厅处，通过较低的进厅步入中庭，犹如从苏式民居门厅步入天井，而功能上却能满足现代图书馆人流集散的需要。中庭沿承传统造园的本质，从中提炼出设计符号和语言，以神似贯穿整个设计，体现特有的人文环境和醇厚的文化氛围。其正中石坛为一株参天大树，四周围着参差不齐的乔木，使其姿态古拙入画，葱郁如画境，同时依据现代构成的方法，隐含着诸多廊柱、墙体、窗花的造型穿插其中，使人不仅深感环境优美、风雅，又可以体会出传统文脉的精髓。可谓"馆中有园，园中有馆"，较好地体现了民族特色、文化底蕴和地方风格。

10.3.5 河南博物院

河南博物院由建筑大师齐康教授主持修建，充分考虑到河南当地的历史文化，将中原文化的古朴厚重特征继承发展。设计中，运用传统建筑中的中轴对称理念以及主次有序的方法，将象征文化的传播融入建筑形式中，呈现出向四面发散的感觉，同时利用现代材料展现出地域传统文化特点。在整体设计的布局中，运用现代设计手法将建筑各个单体巧妙地结合起来，形成整体具有恢弘气质的建筑群。主馆、文博培训楼、办公楼、俱乐部和报告厅等共同构成了整个建筑的功能布局，为游客提供了良好的参观、学习和休闲空间。通过将传统文化与现代建筑相结合，河南博物院建筑设计彰显了本土地域文化所特有的文化意象与文化价值。

河南博物院建筑的设计将传统文化与现代建筑相结合。设计师采用了平面正方形主体，并通过不断的变化，最终以金字塔的造型呈现。通过对传统文化和现代建筑的巧妙结合，河南博物院的建筑设计呈现出浓郁的文化内涵和独特的建筑风貌。

地域性建筑文化的延续与发扬需要在室内空间设计中加以体现。作为主馆室内空间序列的起点，序厅是对建筑风格语言延续的开始，同时也是对河南地域文化元素在室内空间的连接与继承。在设计中，齐康教授充分考虑了中原文化的传统元素，以黑、白、墨绿、栗等传统色彩为主色调，并将土红色花岗岩运用于墙面装饰，利用横向装饰带的造型，营造出整体空间的一种浑然大气的设计风格，凸显中原地域的文化韵味。在装饰形式上，大量运用斜线造型和铜钉装饰，巧妙地融合了传统与现代元素，将中国传统大门元素巧妙地应用于玻璃门上，呈现出传统与现代的完美融合。利用不锈钢、花岗岩、亚克力灯片等现代装饰材料，结合中原文化经典元素，通过融合、吸收、演变来体现地域性与时代性统一原则。整个序厅设计通过优美的造型、传统元素的运用和现代材料的应用，展现出了中原文化的厚重感和现代化的时尚感，同时也与整个博物馆的整体风格相呼应，构成了一个具有地域性特色和现代气息的空间。在这样的设计中，地域文化得以传承与发扬，为整个建筑增添了艺术性和文化内涵。

中央大厅是河南博物院的核心区域，其设计的重点在于延续建筑空间中的界面关系，通过相容的尺度和统一的语言特点强调地面和天花元素之间的连接。大厅装饰以简洁为主，与序厅保持一致的处理风格，采用井字型的天花格与地面的花岗岩碰撞，呈现出"天人合一"的思想内涵。大厅内的墙面、天花和地面的形式感相互影响和连接，符合整体空间设计的统一原则，同时又各自具有独特的特点和变化。太极图案被巧妙地应用于大厅中心的地面设计中，由黑、白、红三色组成，呈现出动感和阴阳相生的形式，阐释了文明的源泉和特征。在天花处，水晶球覆盖的圆洞与太极图案形成垂直关系，呈现出互映的效果。太极图案作为河南地域性符号的一部分，被巧妙地提炼和创作，同时也体现了传统哲学思想中"天人之和"的内涵。总之，中央大厅的设计成功地展现了河南文化的特色和独特之处，也为河南博物院的整体空间设计增添了一份独特的魅力和气息。

延续性是河南博物院序厅与中央大厅设计中的重要特点，通过空间的延伸和统一的设计语言与装饰形式来实现。廊道底部的斜面形式与建筑相呼应，向外延伸出钢构架，延墙面下方的通常灯带与射灯槽相连，构成一个空间的延续。整个天花布满"井"字型图案，以其为背景的整体吊灯采用冷暖光的相互呼应，丰富了空间的层次感。同时，中央大厅与序厅在整体的设计语言、装饰形式和材料构造形式上保持着统一，大厅成为序厅的一种延续，共同呈现出河南博物院的独特魅力。

在河南博物院的中央大厅，壁雕是其中最吸引眼球的元素。设计灵感来源于河南的简称"豫"，即由汉字演变而来。壁雕主题的设计旨在解读中原文化，与代表河南文化特色的故事和元素融会贯通，吸取其中的精华并去除落后思想，从而体现出中原文化的特色。中央大厅柱子的设计采用传统的八角形，不仅改善了柱体比例关系，增加美感，还加深了柱体的厚重感。柱帽和柱基的处理方法也全面延续了建筑的外形。整个室内空间的设计承载和诠释了地域性建筑文化，以中原传统建筑外观为基础进行设计。此外，在装饰的设计中，传统哲学思想"天人合一"也得到了体现。河南博物院的室内空间设计通过深入探究中原文化特色，将传统元素与现代设计相融合，形成了具有独特风格的建筑，体现出地域文化的传承与创新。

作为河南博物院的核心空间，中央大厅连接着各个展厅，呈现了中原文化的内涵。这个大厅还能带动整个馆内的氛围，各具特色的展厅都可从此处到达，带来不同的视觉和文化体验。经纬轴线的设计是该馆空间布局的基石，创造出完整的空间流线和故事性，使得整个馆内的文化得到了完美的呈现和连续性。

中央大厅的设计充分延续了序厅的色彩和材质，同时也是对传统建筑语言的发扬。它不仅体现了中原文化的精髓，还将多样化的特色文化融合吸收，经过提炼变为更有说服力和更具中原文化特色的设计语言。这一设计原则充分体现了传承与发扬的思想，为我们提供了一个新的视角来理解和欣赏中央大厅的美丽。

整体展示空间设计多样化，表现手法丰富，在理性地分析和研究各个时期的特征后做出的理性而又恰如其分的设计，以及反映地域文化的气息，同样符合功能需求和审美需求。

河南博物院从颜色、质感等不同侧面、环境的造型为人带来了更加美好的享受，也让人有了心灵上的感悟。还通过对哲学思想、传统文化以及简单的点、线、面与其他要素结合，构成了某种艺术形式，以传递感情，显示其意义。

在河南博物院的整体设计中，设计师运用了多种手法来体现地域文化的传承。

整个室内空间的设计以展现地域文化特色为依托，强调地域文化在整个空间设计中的重要性，体现了对地域文化的继承和发扬。设计师提取了不同时期的精神内涵，运用到不同的设计空间，但仍保持整体的空间性。设计手法上做到了时代性与地域性的统一，运用现代的科学技术来传承和诠释传统地域文化的精髓。这样既能够体现传统地域文化的内涵，又不失时代性，与整个社会的发展步伐保持一致。整个室内空间的展示还继承了儒家思想的"天人合一"的理念，强调建筑、自然和人之间的和谐发展。设计师以多种手法来展现地域文化，使河南博物院的整体设计成为一个具有文化内涵的空间，让人们在其中感受到河南地域文化的独特魅力和历史底蕴。

河南博物院的建筑形态、建筑外空间、室内空间、装饰形式等方面，均保持了统一性，将传统元素提炼出新语言，并应用到各自空间设计之中，就是要使建筑和室内保持某种延续性。色彩和材质的应用，从空间上表现出中原文化地域特点，渲染出整个空间稳重浑厚的效果。

河南地域文化浓厚，孕育了无限生命力，河南博物院在建筑形式和室内空间创造上，较好地呈现出地域文化特点，将中原文化以另一种形态展现。

参考文献

[1] 夏志芳 . 地域文化·课程开发 [M]. 安徽：安徽教育出版社，2008.

[2] 樊清熹 . 城市地域设计的生态解读 [M]. 南京：江苏凤凰美术出版社，2021.

[3] 陈妮娜 . 中国建筑传统艺术风格与地域文化资源研究 [M]. 长春：吉林人民出版社，2019.

[4] 李晓丹 . 中西建筑文化交融研究 [M]. 武汉：华中科技大学出版社，2019.

[5] 中国社会科学院语言研究所词典编辑室 . 现代汉语词典：110 年纪念版 5 版 [M]. 北京：商务印书馆，2007.

[6] 鲍家声 . 图书馆建筑设计手册 [M]. 北京：中国建筑工业出版社，2004.

[7] 巫鸿 . 美术史十议 [M]. 北京：生活·读书·新知三联书店，2008.

[8] 秦红岭 . 城魅：北京提升城市文化软实力的人文路径 [M]. 北京：中国建筑工业出版社，2014.

[9] 张鲲，张梁 . 时间 地域 痕迹 当代城市空间与行为 [M]. 成都：四川大学出版社，2017.

[10] 马晓 . 城市印迹 地域文化与城市景观 [M]. 上海：同济大学出版社，2011.

[11] 刘须明 . 约翰·罗斯金艺术美学思想研究 [M]. 南京：东南大学出版社，2010.

[12] 齐康 . 城市建筑 [M]. 南京：东南大学出版社，2001.

[13] 戴志中 . 建筑创作构思解析：符号 象征 隐喻 [M]. 北京：中国计划出版社，2006.

[14] 刘托 . 中国建筑艺术学 [M]. 北京：生活·读书·新知三联书店，2020.

[15] 蔡晴 . 基于地域的文化景观保护研究 [M]. 南京：东南大学出版社，2016.

[16] 吴良镛 . 中国建筑与城市文化 [M]. 北京：昆仑出版社，2009.

[17] 谌扬 . 室内照明设计 [M]. 哈尔滨：哈尔滨工程大学出版社，2019.

[18] 高金锁 . 建筑室内空间艺术设计 [M]. 沈阳：辽宁科学技术出版社，2009.

[19] 霍维国，霍光.室内设计教程 [M].北京：机械工业出版社，2006.

[20] 杨明刚.现代设计美学 [M].上海：华东理工大学出版社，2011.

[21] 黄茜，蔡莎莎，肖攀峰.现代环境设计与美学表现 [M].延吉：延边大学出版社，2019.

[22] 任硕.现代设计美学概论 [M].南京：江苏凤凰美术出版社，2018.

[23] 郑建启，胡飞.艺术设计方法学 [M].北京：清华大学出版社，2009.

[24] 徐恒醇.设计符号学 [M].北京：清华大学出版社，2008.

[25] 张会.当代图书馆空间设计与管理 [M].长春：吉林大学出版社，2023.

[26] 陈丹.现代图书馆空间设计理论与实践 [M].上海：上海社会科学院出版社，2020.

[27] 汪德华.中国城市设计文化思想 [M].南京：东南大学出版社，2009.

[28] 全国市长研修学院系列培训教材编委会.城市文化与城市设计 [M].北京：中国建筑工业出版社，2019.

[29] 桂毓.城市景观设计文化与策略 [M].长春：东北师范大学出版社，2017.

[30] 罗金连.地域文化在城市建筑设计中的应用 [J].文化产业，2019，（11）：8-9.

[31] 姚橙红.地域文化与城市公共文化建筑 [J].安阳工学院学报，2011，10（04）：51-53.

[32] 许懿.地域文化在建筑设计中的探索探究 [J].建材与装饰，2019，（04）：117-118.

[33] 雍自高.建筑空间中的视觉传达设计研究 [J].建筑科学，2023，39（11）：199-200.

[34] 姜佳彤.自然光在室内及建筑空间中的应用研究 [J].鞋类工艺与设计，2023，3（20）：149-151.

[35] 张轶群.室内空间设计与建筑设计的关系与一体化 [J].时尚设计与工程，2023，（05）：4-6+10.

[36] 薄宏涛.模糊空间界限让建筑融于城市 [J].城市建筑空间，2023，30（10）：42-46.

[37] 姜玲，马品磊.基于历史环境保护的城市建筑景观设计研究 [J].工业建筑，2022，52（04）：232.

[38] 郑军.城市·建筑·设计及其他 [J].城市环境设计，2022，（03）：250-251.

[39] 李超先.基于文化生态理念的建筑设计方法研究 [D].大连：大连理工大学，2019.

[40] 秦朗.城市复兴中城市文化空间的发展模式及设计 [D].重庆：重庆大学，2016.

[41] 李朕鑫.场所视角下的公共建筑空间形态设计研究 [D].武汉：湖北美术学院，2019.

[42] 刘爽.建筑空间形态与情感体验的研究 [D].天津：天津大学，2012.

[43] 安浩奇.地域性导向下的城市建筑立面风貌控制初探 [D].广州：华南理工大学，2016.